認真職場
35

Think Like a Coach

Empower your team through
everyday conversations

零壓迫感提問式領導

創造職場安全感的提問技巧，引領下屬自行思考和解決問題

Jude Sclater

茱德·史克萊特 著

薛芷穎 譯

國內外各界好評感動推薦

換個問法，截然不同！只要掌握問法，領導就截然不同，培養神隊友員工！

——林怡辰　閱讀推廣人／國小教師

有沒有一種方式，可以解決問題，讓對方成長，又能夠省下自己很多時間呢？如果你想知道，那就翻開這本《零壓迫感提問式領導》吧！

——張忘形　溝通表達培訓師

近年來教練模式之所以興起，原因在於過去權威、壓迫式的領導風格已經不符現代職場所用。能夠凝聚團隊一起往目標邁進的祕訣，就在於讓團隊感受到尊重與自主。本書《零壓迫感提問式領導》以教練式對話帶領讀者一窺高效、賦能的職場領導思維。

——李崇義　薩提爾模式溝通引導師

教練在球場上不僅要辨識球員的特長，搭配能夠致勝的戰術，期許贏得一場勝仗，職場上也是如此。透過作者的分享，學習透過建設性引導回饋來帶領團隊夥伴，打造一支能達標的正向團隊。

——方植永（小安講師）　企業顧問／人才培育講師

身處AI世代主管不該只給答案，而是引導思考！本書《零壓迫感提問式領導》透過無壓迫感提問技巧，幫助主管激發下屬潛力、提升團隊自主解決問題能力，打造高品質職場對話，讓管理變得更有成效！

——趙胤丞　「高效人生商學院」Podcast 共同創辦人／企業講師、顧問當部屬前來請教問題，急著給答案的主管，也是讓同仁無法進步的主管。想要讓同仁提升解決能力，主管不但需要以「提問代替解答」，更需要用「耐心親切」的「無壓迫態度」發問，別擔心有點困難，看完《零壓迫感提問式領導》你就懂了。

——李河泉老師　台積電「跨世代溝通」指定講座／陽明交大EMBA兼任副教授

掌握教練式管理技巧，主管在團隊面前不必無所不知，也不用事必躬親，而是引導每個成員都發揮自己的最佳潛能，打造有向心力又有執行力的團隊。

——齊立文　《經理人》總編輯

對於想提升教練技巧的管理者，本書《零壓迫感提問式領導》提供具體的語句範例，能幫助領導者打造獨立自主且持續成長的團隊。

——許繼元　Mr.Market 市場先生／財經作家

你覺得你可以面對挑戰，是因為你的思考習慣與態度，還是因為你懂得很多？其實，我們也是從不懂走到懂的階段，關鍵就在我們的思考習慣與態度。你要帶人，就是要帶給他們思考習慣與態度，而不是他們做得對不對、懂不懂。教練就是教人塑造思維習慣與態度的方法，如果你想要一批有好的思考習慣與態度的成員，歡迎來了解這本《零壓迫感提問式領導》。

——孫治華　策略思維商學院院長

個人潛能要激發，直屬主管扮演了關鍵要角，這本工具書《零壓迫感提問式領導》極為實用，恰能派上用場，協助主管培養帶人技巧，作為日常對話指引。此書揭開教練式對話的祕訣，簡單可行，為讀者提供一套實用工具，天天都可運用自如。

——Honey Clarke　InfraRed Capital Partners Limited 人力資源總監

別本書做不到的，這本書《零壓迫感提問式領導》辦到了：教練技巧應用於主管日常，原來這麼容易。這套成果導向模式，可能會顛覆教練技巧培訓方式，讓教練技巧徹底融入團隊日常管理。課堂上學的都是抽象模式，一到外界卻難以活用，這樣的方法不合時宜了。公司內部教育訓練主管經常被問：「這對我有什麼幫助？」要改變主管行為，經常難於登天，有了這本書，問題總算有解。

——Holly Jones　全球建設公司人才發展主管

《零壓迫感提問式領導》這本指南小而美，提供多種事半功倍的實用步驟，幫助新科主管培養磨練教練式的帶人技巧。「教練二步曲」我尤其喜歡，藉由傾聽、提問，引導團隊成員自行找到答案。

——Clare Hill　Sysdoc Limited 執行長

《零壓迫感提問式領導》可當作隨身教練，培養一套獨門帶人技巧。寫得簡單易懂，方便讀者思考、付諸實踐、勝任主管要職。書中技巧可輕鬆上手，鼓勵大家找到個人專屬教練式的帶人風格，不僅是所有新手主管的參考指南，也可助老手主管精進帶人技巧。

——Libby Gordon　FARA Foundation 執行長

這本《零壓迫感提問式領導》淺顯易懂，讀來毫不費力。透過實際例子、個案研究，避開教練術語，幫助讀者快速應用技巧。每種技巧都貼近現實、平易近人，不會讓人望之卻步。只需小小改變，堅持下去就對了。

——Andy Morris　全球專業服務公司合夥人

《零壓迫感提問式領導》絕對是菜鳥主管人手一本必讀之作，無疑是我讀過最棒的帶人書籍，原因如下：

1. 簡明易懂，適合隨時翻閱。非常容易上手，對我來說啟發十足。

2. 讓讀者有信心嘗試新方法。回饋、權力下放、解決問題等管理層面的議題，向來令新手主管頭痛欲裂、退避三舍，在作者巧妙分門別類、化繁為簡下，變成一套簡單實用、屢試不爽的技巧，助你百戰百勝。

3. 茱德憑豐富經驗、專業知識，讓每個例子鮮活有趣、別有意義。

當年踏入管理職，若也有這麼一本書，那該有多好。對於如何管理團隊、達成最佳績效，如果你也有點膽戰心驚，這本書簡直如獲至寶，教你如何有效對話、提高生產力，相信你也做得到！

——Holly Williamson　Deloitte全球風險諮詢部門人資暨企業使命主管

主管很需要這類書籍，極為實用、對症下藥，雙管齊下提升主管及團隊績效。初任主管就該讀這本《零壓迫感提問式領導》，每次升遷再讀一次。不妨就擺在案頭吧；如果每週行程塞滿了一對一會議、團隊會議、進度討論、回饋對話，這本書天天用得著。茱德所寫的這本教戰守則，專為團隊管理打造，不只是主管的教練手冊，更傳授如何與團隊溝通，讓團隊更加投入、潛力發揮到極致。

——Rob Dighton　全球專業服務公司董事

我有二十年教練、領導經驗，期間諮詢、培訓不計其數。但有時候，你需要一本快速指南，時機到來時，臨場發揮技巧，而萊德這本《零壓迫感提問式領導》能讓你如虎添翼。充滿精闢智慧、實用祕訣，可謂各層級教練及主管的必備讀物。

——Guy Johnson　全球律師事務所品質與客戶政策主管

目次

序言

教練式的帶人對話技巧，其實你早已具備。本質上來說，教練技巧不外乎傾聽、提問、與人對談。

新官上任，忙得天翻地覆，要再抽空去找一本兩百多頁的書來讀，或參加一整天的培訓課程，恐怕很困難。我在亞馬遜搜尋「教練技巧書」，整整爬了七十五頁，結果全都宣稱專為主管打造，仔細一看，各式理論、模型、專有名詞縮寫，目不暇給，讀來趣味橫生沒錯，卻不好記憶，也難以應用於現實生活。這本書不一樣。

教練式的帶人技巧沒有想像中困難；既不會出錯，也不必耗費大量時間。我創立一套模型，讓忙翻的新科主管能立即上手，培養教練式思維。只要善用你已具備的技能，便能在日常對話展現「教練式」帶人風格。

教練式指什麼呢？教練先驅約翰・惠特默爵士這麼定義：「〔教練〕是一套領導管理方法，是一種待人、思考方式，也是一種處世之道。」（Whitmore 2017）

身為專業教練，與人會談時，我會選在有隱私的場合、一定時長內進行。同樣這套教練技巧，平日與團隊對話也非常管用。這就是我所謂的教練式。你不須成為訓練有素的專業教練，也能發揮教練技巧，融入個人管理風格，受益無窮。

舉個例子，你曾否卡關，跑去求助朋友，問題解釋到一半，突然靈光乍現？教練技巧也十分雷同。

問題放在心裡，跟說出來讓大腦聽到，大腦處理資訊的方式大異其趣，這也是為什麼你會茅塞頓開了。自言自語可能有點尷尬，這就突顯了朋友多麼重要，正因為朋友在場，問題才得以解決，即使朋友什麼也沒說。

朋友全神貫注聆聽，恰符合你迫切所需。朋友若中途打斷或忙著打字，你覺得答案還會浮現嗎？要突破困境，許多時候你最需要的，就是找一位有耐性又關心你的人，放聲思考，解決方案自然會閃現腦海。

成為教練式主管有八種好處

改變習慣需要刻意努力，總要有足夠誘因，才值得全力以赴。採取教練式風格的主管，告訴我有以下八種好處：

1. **減少你的工作量**，透過賦予團隊權力，培養其獨立作業能力，這麼一來，碰到問題或需要決策時，就不必動不動來找你。
2. **及早發現問題**，因為你刻意留出空間，讓團隊成員說出問題癥結。

3. **更有效管理團隊的祕訣**，讓團隊來告訴你。

4. **減輕壓力**，你不必成為人人仰賴的萬事通。

5. **有助團隊發展**，教練式對話能在安全情境下，鼓勵大家脫離舒適圈，從自身經驗中學習，進而獨立思考、解決問題。

6. **能立即激發使命及責任感**，畢竟點子是團隊自己想出來的。

7. 讓招募、留任變得輕而易舉，有個信任團隊、助人進步的主管，想必人人都想共事。

8. 你會有時間**發展個人職涯**，因為你有一支高績效團隊。

簡言之，主管會採用教練式方法，就是因為感覺太棒了。幫助他人自行想出解決方案，會讓雙方都深受鼓舞、士氣百倍。

新手小主管薩米也發現這招有效。團隊成員烏娜和利害關係人互動出現問題，薩米找她開會，好了解事情究竟、找到解決之道。烏娜認為，她跟利害關係人並非嚴重不合，只是談起話來總是劍拔弩張。薩米當機立斷，搬出教練式問句。

他一直以為烏娜不夠果斷，經過抽絲剝繭才恍然大悟，原來她在上一份職務較有自信、勇於提出異議，接了新職務才自信大減。於是他們一起探索，有哪些地方需要調整，好幫助她恢復自信，也釐清她需要哪些支援。

薩米和我分享這件事時，神采飛揚。他覺得自己總算「抓到」烏娜的想法了，部屬關係拉近了，烏娜也靠自己解決了問題。這次教練會談沒有經過精心策畫、周全準備，純粹是薩米當下聽從直覺，抱著不妨一試的心態。對話不必追求「完美」。只要抱持教練式心法，結果就會大有不同。

這本書不是要把你變成教練，而是提供一套架構原則，幫助你像教練一樣思考，嘗試將教練技巧融入日常管理風格。希望你能多加運用、勇於實驗，建立一套自己的方法。不會出錯的。我相信你做得到，接下來，就讓我一步步分解。

這本書適合誰

此書特別寫給忙到天昏地暗、初次帶團隊的菜鳥主管。幫助你從技術專家的角色，過渡為建立技術專家團隊的主管，發展一套管理風格，助你一臂之力，實現職涯目標。

術語

本書中，我會稱你為「主管」，你應用教練式技巧帶領的對象為「團隊成員」。純粹是為了簡明易懂；實際上，這些技巧幾乎在任何人身上都適用。

書中提到的故事，有些百分之百真實，有些是集結多次真實經驗而成，藉舉例讓概念更清晰易懂。人名皆為化名。

本書結構

此書是你成為教練式主管的專屬指南，編排上也特別設計，方便你在需要時快速查找。目次頁、章末重點回顧、問句庫，讓你與團隊成員會談前可快速複習；各章結尾所附建議實驗，可當作靈感來源，落實教練式風格於日常生活中。

第一部分是與團隊進行教練式對話前，應具備的所有知識，包括：

- 教練的定義
- 教練式主管的心態
- 心理安全感是什麼、為何重要、如何營造
- 教練式會談中，如何運用「教練二步曲」模型
- 如何提出教練式問題，幫助團隊成員自行找出答案

第二部分最適合在與團隊成員對話前閱讀。示範在教練式對話中，如何運用教練二步曲等教練知識技巧，目標包括：

- **五分鐘內完成教練會談**
- 幫助團隊成員獨立**解決問題**
- 引導團隊成員**設定激發潛能的目標**，並牢記在心
- 以教練式風格，實現**權力下放**
- 藉由**進度討論**，幫助你和團隊成員一同成長
- 給予**回饋**
- 為正處於**強烈情緒**的團隊成員提供支援
- 進行**職涯對話**
- 讓**績效評估**少些「框框打勾」，多些促進發展
- **化思考為行動**

本書也附上練習指南，引導你如何與他人一起練習，一來可提升教練技巧，二來可接受個人教練會談，一舉兩得。

為幫助你運用本書所學、溫故知新，不妨訂閱我的部落格，每週日上午（英國時間）更新：thinkwithjude.com/signmeup。日常可用的實用教練點子，上面都找得到。

書中不時會跳出這種方框，以補充主題相關資訊，例如其他觀點、訣竅或術語解說。就算跳過方框，也不會錯失任何重要資訊。

閱讀過程中，希望你能多多嘗試、親身實驗教練技巧。一旦付諸實行，你將會發現團隊有多能幹；最重要的是，你將贏回寶貴時間，投入所好，發光發熱。

第一部

教練式風格養成術

第一章 如何成爲教練式主管

教練這件事，至今尚無明確定義可放諸四海皆準。新手主管早已忙碌不堪，怎有空再去釐清概念，更別說要化為行動了。

《哈佛商業評論》一項研究發現，下屬時間管理出了問題，主管若被要求提供教練會談，多半難以保持沉默，未能讓下屬自行找出解決方案。主管會乾脆直接提供建議，或告訴下屬該怎麼做（Milner & Milner 2018）。這不意外，告訴他人怎麼做，已形成一種本能，也是生活經驗日積月累所養成。

借用惠特默（2017）一句話，小時候，我們會乖乖聽大人的話，不然就嘗不到甜頭。上學後，又得按老師的話去做，不然就要留校察看。進入了職場，則照老闆指示做事，否則恐怕就要捲鋪蓋走人。好不容易當上主管，自然而然舊事重演，告訴別人該怎麼做。許多人以為當了主管，就得無所不知、無所不答，這種思維其實毫無助益；一旦找不到答案，就自認沒能發揮自己的價值。

專為忙碌主管打造的教練定義

我查了許多教練的定義，對於何謂採取教練技巧的主管，目前似乎沒有簡明定義。因此，我想出以下定義：

教練是全神貫注，聆聽對方放聲思考，並善於提問，幫助對方自行挖掘解決方案、付諸行動。

教練本質即是如此，只要記住這一點，就能像序言提到的薩米，學成一套教練技巧，需要時立刻派上用場。為進一步解說，以下介紹三種教練式基本原則：

一、好好傾聽，別插手處理

我們都渴望有人好好傾聽，因此團隊成員來請教問題時，好好傾聽，別插手處理。你的貢獻所在，不是提供答案，而是不帶批判、洗耳恭聽。回想自己話說到一半，對方打斷、熱心給予建議，有幾次是真有幫助的？你也常這麼對待其他人嗎？打斷團隊成員說話，如同暗示對方的想法不及你的重要。

如果感到低人一等，勢必無法好好思考。因此，請盡量讓團隊成員好好說完，再補充你的想法。萬一有必要打岔，比如你知道相關資訊，也許能幫到忙，也請先徵詢同意，等團隊成員說「好」，才開口分享（詳見第八章）。

二、先問後說

如果對話才開始，就告訴團隊成員該怎麼做，已無意間自我標榜為專家了（Pedrick 2021）。不知不覺間，你打擊了團隊成員的士氣，也削弱他們自行尋找解決方案的能力。

你的解決方案固然無可挑剔，但無論如何，都比不上團隊成員自己想出來的點子那般令人振奮、別出心裁、鼓舞人心。反正身為主管，總會等到時機補充想法，屆時，務必讓團隊成員知道，對方有權選擇採納與否。

三、讓團隊成員主導對話

我們經常太過迫切想幫忙，尚未釐清問題癥結前，就插手幫團隊成員解決。這不僅導致團隊信心挫敗，也會給自己加重負擔。

若能採取教練式風格，便能讓團隊成員主導對話方向，從對方角度找出問題核心。讓團隊成員主導對話，代表問題責任仍在他身上。如此一來，可增強團隊自信、獨立決策能力，不必事事求助你。

教練與導師的差異

在此坦承一件事：我很討厭「教練」、「教練技巧」二詞被濫用，泛稱給人空間去自行思考。看到「教練」、「教練技巧」，你會想到什麼？

有主管告訴我，他們會想到運動場上的教練：擁有運動專業，告訴運動員該怎麼做。這只是其中一個例子。很不幸地，「教練」一詞如今過度氾濫，各式各樣情境都有，定義模糊不清，帶有多重含意。

有些人認為，教練會談很接近心理治療，都以對話為核心，只是對象不同。教練會談的對象能自我調適、內在力量充沛，採取必要行動來實現目標理想。而心理治療的對象，則喪失自我調適的能力，治療師的任務，正是幫助他們釐清情境脈絡、問題模式、自身感受，以找到全新應對之道。

教練與導師也大相逕庭，為釐清定義，以下就來對照兩者差異。

教練	**導師**
提問	訴說
全神貫注	分享經驗
傾聽以理解	提出建議
使用開放式問句	提供指導
重點摘要	給予忠告
分享你觀察到的	指導

導師是與人分享自身經驗、人脈資源，提供忠告、指導。主要由你發言，團隊成員聽取你的方法、洞見、教訓，從而學到東西，因此能發揮效用。

教練則恰好相反。大部分時間由團隊成員說話，至少占百分之七十。對你而言好處多多，不僅能洞察到如何更有效管理團隊、及早發現問題，還能找到訣竅促進團隊發展，減輕你的工作負擔。

何時當教練，何時當導師

首先，我要說清楚，這不代表教練＝好，導師＝壞。事實上，身為主管，我相信各位在對話時，多半會兩者混搭。不妨花些時間思考，你在圖一量尺可能坐落哪個位置。

圖一：教練與導師的量尺

我主持的教練技巧工作坊中，大多數主管偏向導師一側。這本書就是要告訴你，如何向量尺中間靠攏，以擁有更靈活的管理風格。

若想知道何時該用教練風格，何時該切換為導師風格，可參考下列提示框。有部分點子來自邁爾斯．道尼（2015），有些是教練工作坊學員提出的。

何時當教練

- 你不知道答案。
- 你希望團隊成員能自行解決問題，就不必動不動來找你。
- 你相信團隊成員能自行找出解決方案。
- 你很好奇，想了解究竟發生了什麼事。

何時當導師

- 團隊成員已筋疲力竭或不堪重負。

- 時間壓力緊迫。
- 團隊成員感到沮喪、緊張或驚慌。*
- 任務複雜，而你恰好是專家。
- 任務必須以特定方式完成。**
- 你的知識或個人經驗可能會有幫助。

*這種情況下，團隊成員無法清楚思考、發揮創意，此時教練技巧是幫不上忙的。不過，第十章介紹一種教練式技巧，能幫助他回到邏輯思考的理性狀態。

**不妨稍作思考，該任務是否只有一種執行方式，抑或你只是想用自己一套方式來完成。

有些人會抗拒教練會談。馬爾利是一名總監，因緣際會參加一場教練技巧工作坊，分享初次教練會談經驗。過去被主管問到，面對嶄新挑戰打算怎麼處理，他心裡會十分惱怒。「我當時一心只想知道答案，野心勃勃，想趕快進步，」他說：「現在我總算明白，主管是在幫助我獨立思考，要是沒這種能力，就不會有長進了。」

當好教練，需要堅持不懈。有些人不習慣被要求獨立思考。若不確定該採用哪種方法，就開口問吧：

你希望我傾聽、提供建議、教練引導，還是其他方式？

如何從教練切換為導師

有一種教練式技巧，能幫你從教練切換成導師，以分享個人知識及經驗，而方法就是徵詢同意：

我這裡有些點子，可能會有幫助，可以跟你分享嗎？

我跟他們有過一些合作經驗，如果和你分享，你覺得會有幫助嗎？

這種情況我也碰過。想聽聽我當時怎麼做嗎？

務必等對方回應後，再分享你的看法。對方鮮少會拒絕，即使拒絕了，也要讓對方知道，如果之後想聽，可以隨時開口。徵詢同意的技巧及運作方式，第八章會詳細介紹。

如何從導師切換為教練

從導師切換成教練，也有一種教練式技巧，那就是提問，比如說：

你有什麼想法？

你有什麼看法？

這對你的問題有什麼幫助嗎？

要知道自己是否較偏向導師，有一種方法能快速判斷，那就是想一想，談話者主要是誰。是你嗎？如果是，你有可能較偏向導師。當導師沒有錯，也不是件壞事。請記住，你只是較熟悉導師風格，只要再花一些時間，便能自然而然展現教練風格。就像紐西蘭模特兒、洛・史都華前妻瑞秋・杭特，在一九九〇年代潘婷洗髮精廣告裡說的：「這不會一夕發生，但一定會發生。」

第六、七章會舉更多例子，示範如何在教練與導師之間來回切換。

教練式主管的心態

身為主管，你對團隊成員有多少期望，會影響其績效。期望愈高，績效愈好；期望愈低，績效也會相對不彰。當然，這並非絕對；期望過高，也可能害他注定失敗。不妨想想看，如果有團隊成員績效不佳，你是否對他們造成了影響。

無論是否有意為之，你對一個人的看法感受，都會影響你們之間的互動。誠如梅若李．亞當斯的領導力寓言《改變提問，改變人生》（2022）其中一角所言：「如果老闆都不看好他們了，誰還會拿出最佳表現。」

我曾培訓各領域專家成為內部引導者，過程中，我深刻感受到正向期望的力量。每位學員都要在全班面前介紹一套訓練模組，接受一對一回饋，隔天再來一遍。其中有位學員叫希奧帆，表現顯然力不從心，整場下來不太順利。她自知表現欠佳，我也不必在傷口上灑鹽。

回饋會談時，我決定側重在她表現優異之處，也討論如何發揮更多優勢。隔天希奧帆再次嘗試，這回長處發揮得淋漓盡致，進步極為顯著。

如何營造教練式對話的安全感

身為主管的你，權力職權凌駕於團隊成員。即使平常是「一夥人」，他們恐怕還是免不了提心吊膽，怕你突如其來施展權力職權。這會讓團隊難以敞開心扉，畢竟在主管面前，誰都不想顯得不稱職，更怕顯得情緒化。因此，建立心理安全感格外重要（Edmondson 2014）。

心理安全感是一種信念，指分享想法、問題、擔憂、錯誤時，不必擔心受懲罰或羞辱。光是宣告「這空間很安全」是不夠的，畢竟安全感完全是個人感受。你能做的，只有透過言行來告訴大家，在這空間能放心發言。

我曾任職一間顧問公司，高階主管也就是公司老闆（有點像律師或會計師事務所）。我走進彼得的辦公室，反映其資訊稽核方式有問題。他是合夥人，而我只是資深稽核員，層級低四階，經驗也足足少了二十年。他大可藉此機會撵走我。

然而他卻沒有，反而要我說明，為何認為他方法有錯，換作是我會怎麼做。過程中他沒打斷，而是仔細傾聽、提出問題。談到後來，我發現他的方法才是對的，與其覺得丟臉，反而慶幸自己有走進來，學到更多了。我有獲得傾聽和尊重，相信彼得也更信任我的能力了。

艾美・艾德蒙森的研究有幾項建議，即使身為主管，也能營造安全氛圍，讓大家對你敞開心扉：

- 將困境描述為學習機會，而非責怪他人未達成目標。
- 向團隊展現脆弱的一面，分享自身失敗、挫折經驗。若發現有錯漏之處，允許他們提出來。
- 保持好奇心，藉由提問來深入了解。

總歸一句，教練式風格要成功，得信任團隊成員有能力自行想出解決方案。如果沒信心，就先維持導師角色。不過，若想打破預設立場，不妨反思看看：「要是知道〔團隊成員〕有辦法自行提出解決方案，我當時該怎麼做才好？」

約法三章，讓棘手對話變容易

每次開啟一段教練關係前，不論對方是個人、小組或團隊，我都會先與他們約法三章。這是教練術語，指討論運作方式。你可能納悶：「都成年人了，才沒必要。」我曾為一支高階領導團隊提供教練會談，他們起初也納悶，結果三個月過去，他們覺得某成員沒有盡好本分，請我轉告。

藉由約法三章，討論哪些行為可接受、不可接受，問題出現時如何處理，達成共識後，便可建立心理安全感。約法三章時，「先問後說」原則尤為重要，運用「詢問、補充、詢問、補充」模式，在教練、導師之間切換自如。

你可以與全體團隊約法三章，也能個別和團隊成員約法三章。以下例子示範如何與團隊成員約法三章：

詢問：你希望進度討論多久一次？每次多久？

補充：你的想法。

詢問：你希望進度討論怎麼進行？

補充：你的想法。

詢問：你偏好的工作方式，有什麼是我可以知道的？

補充：你偏好的工作方式，有什麼是團隊成員可以知道的？

詢問：你對我有什麼期望？

補充：你對團隊成員有什麼期望？

詢問：如果覺得彼此合作不太順利，你覺得可以用什麼方式處理？

補充：你的想法。

初次約法三章時，可能會感到不自在，尤其問到合作不順利該怎麼辦；然而，**不**約法三章，時間一久反而會渾身不自在。

約法三章，顧名思義是一種協商過程，團隊成員提出的要求，你不必照單全收。你可以提議某種方法，幾週後再回頭重新評估。展開教練關係後，任何時間點都可約法三章，建議至少每半年討論一次成效。

建議實驗

- 留意看看，你花在教練、導師的時間何者為多。要如何投入更多時間在教練上？
- 擇一原則，這週對話就嘗試看看：「好好傾聽，別插手處理」、「先問後說」或「讓團隊成員主導對話」。
- 把能營造心理安全感的方法列出一份清單，這週選擇一樣試試看吧。

重點回顧

- 教練的定義：對方放聲思考時，教練要洗耳恭聽並提出問題，幫助他自行發掘解決方案、付諸行動。

- 教練式原則有三：「好好傾聽，別插手處理」、「先問後說」、「讓團隊成員主導對話」。
- 進行教練時，大部分時間交由團隊成員說話。
- 對話過程中，可能融合教練與導師技巧。按照教練式原則，切換為導師時，請徵詢同意；切換成教練時，提問就對了。
- 團隊成員會達到你的期望，無論那期望多低。
- 展現你脆弱的一面、保持好奇心，能營造心理安全感。讓團隊知道，他們可以放心發言，不必擔心受懲罰或羞辱。
- 不妨考慮與團隊成員約法三章，談好如何相互合作，尤其碰到棘手問題時該如何處理。

第二章
教練二步曲

合作的精品顧問公司，請我辦一場午餐學習會，為各位顧問傳授教練技巧。我希望活動可以很實用，但只有一小時，要充分解說教練模型，讓大家現場練習，時間顯然不足。忙碌新手主管需要的，是不必耗費過多腦力，就可朗朗上口、運用自如的技巧。

和朋友聊起這件事時，我隨口說了句：「教練很簡單，就是傾聽和提問。」就在那瞬間，「教練二步曲」雛型誕生了。會說是「雛型」，因為在此階段，我還在苦思這模型怎麼命名。我丈夫說，這種踏進踏出的方式就像舞蹈，何不就叫

「教練莎莎舞」。我覺得不夠貼切，於是他又提議「教練二步曲」。這名字正合我意，也正中編輯下懷，於是就定案了。

這比喻生動傳神，教練確實像跳舞一般。架構分明，雙方互動如夥伴。我特意設計這個模型，教練過程中，若突然不知所措，便可切回此節奏，沒人會察覺有異。任何舞蹈都一樣，多多練習就會逐漸熟悉，還可融入自身風格，創造獨樹一幟的方法。

據我所知，許多組織要求主管培養教練技巧；績效管理系統的重心，也逐漸從過去常用的績效，轉向職涯管理。不過，培訓計畫多半有些操之過急，希望半天上完一整套教練模型，期許主管能從此駕輕就熟，運用在團隊管理上。

我上過的教練培訓、實作練習超過五十小時，但走出教室，主管初次面對教練對象，依然十分緊張。你不須成為訓練有素的教練，也能將教練技巧融入管理風格，從中受益。我已化繁為簡，整理出一套核心教練技巧，讓你能無縫融入日常管理風格中。

教練二步曲是什麼？

教練二步曲模型很簡單，只要運用你已具備的技巧，便能在任何對話展現教練式風格，例如：

- 傾聽他人說話時，投以百分百的**專注**
- 提出**「請告訴我更多」**，鼓勵對方講下去
- 把聽到的內容**重點摘要**，以展現你有聆聽與理解

圖二：教練二步曲

如此一來，你不必成為萬事通，壓力也可減輕許多。

語法上，應該是「表達」「請告訴我更多」，但全書刻意用「提出」二字，以傳達好奇、關心的口吻。鼓勵團隊成員說下去，給對方空間以自行尋找解決方案。這是在複製這樣情境：和朋友傾訴問題時，答案自然會浮現。此外，稍後也會示範，提出「請告訴我更多」時，有哪些提問法。

之前定義教練時，有特別提到，提問是教練一大重點；此模型本身不含問句，乃刻意為之。充分了解狀況前，一般會劈頭就問發生什麼事，或直接建議團隊成員該怎麼做。

這些聽起來就像「你有沒有考慮早起個二十分鐘？」、「有沒有辦法請你團隊一起幫忙？」、「有沒有可能是……？」、「你認不認為……？」我稱這些為「假問句」，巧妙偽裝成問句的建議。即使你並無此意，這些語句充滿批判意味，很可能導致團隊成員信心受挫。

教練二步曲如何進行

團隊成員來求助時，請停下手邊工作，全神貫注，懷著好奇心，聆聽對方說話。這就踏出了教練的第一步，也落實了「好好傾聽，別插手處理」原則。等他們說完，你有兩種方法可選：

一、提出「請告訴我更多」。

二、把剛才聽到的內容重點摘要。

此二方法皆不帶批判或個人意見，能讓團隊成員主導對話。只要二擇一，便能回到靜靜傾聽的全神貫注模式，抱持好奇心去了解對方所言。等他們說完，再擇一方法，對話便能繼續。若用跳舞來比

圖三：教練二步曲進行式

喻，運作方式大致如下：

教練對話開始階段，只限使用這兩種方法，能讓你忍住衝動，先別助人一把。這裡所謂助人一把，是指替對方解決問題。即使才試一種方法，便忍不住提供解決方案，也至少更對症下藥，對團隊成員、整體團隊也有更深認識，就像序言中的薩米一樣。

每種方法至少嘗試一次，最好是兩次，接著才提出第一個問句。要如何提問，才能激發團隊成員靈感，幫助成員從全新角度思考自身處境，發揮前所未有的潛能，第三章會再詳細說明。

這就是「先問後說」原則。提出問句，就像提出「請告訴我更多」；接著進入專注狀態，也就是教練二步曲的起始點，運用這兩種方法，幫助團隊成員進一步思索。至少運用其中一種方法，再提出下一個問句。

想了解教練式是什麼模樣，看真人示範快又有效，因此我放了一段示範影片，可作為本書參考資料：coachingtwostep.com/demo。

以下就來拆解教練二步曲，逐一介紹核心概念、運作方式。

專注

上一次你說話時，對方沒打斷、時不時看手機，是多久以前？希望是我猜錯，但我想這種事應該不常發生。

奧塔維斯．布雷克、賽巴斯汀．貝利在著作《心智健身房：人際關係》（2009）講了一個故事。有個朋友參加晚宴，旁邊坐了一位大家都沒好感的女子。他決定當成遊戲挑戰，只用正向肢體語言、發出「嗯嗯」聲作為回應，看看自己能撐多久。三小時後，女子起身要離開時卻說：「真開心坐在你旁邊，跟你聊天還滿有趣的。」可是這位朋友從頭到尾沒說半句話。

專注是教練二步曲的起點，也是最重要的一環，能讓團隊成員感受到關注、放下心防，在你面前放聲思考，不怕受懲罰或羞辱（也就能增進心理安全感）。

還記得前面的例子吧？碰到問題求助朋友，結果朋友什麼也沒說，只是默默聆聽。當你話很少、團隊成員話很多，八成是進入教練模式了。

專注力百分百放在對方身上時，會有以下情況：

- 聆聽是為了理解，而非回話。
- 仔細聆聽，直到對方說完才開口。
- 從容自在，彷彿忘了時間。
- 沉浸當下，全神貫注於團隊成員說的話，以鼓勵他們持續思考。

展現專注的方式因人而異。對某些人來說，是靜止不動、保持沉默、眼神接觸。有些人會往下看，因為在某些文化，眼神接觸反而不禮貌。有些人可能要做筆記或動來動去，才能夠保持專注。找到最適合你的方法，也讓團隊成員知道你的習慣是什麼。

艾米希·傑哈博士（2021）比喻得很傳神，專注就像手電筒。你只有一支手電筒，一次只能照亮一樣東西。手電筒指向之處會明亮起來。當你全神貫注於團隊成員身上，他們也會亮起來，從而有足夠安全感，任思考馳騁奔放。

注意力分散時，對方也會察覺得到。他們會感到不被重視、自我懷疑，甚至灰心喪氣、怒火中燒，這都無助於尋找解決方案。

若說我對讀者有何期許，那就是看完本書，以後碰到重要對話，盡可能提高專注力。若能做到這一點，與團隊成員的關係將大幅改善。

請告訴我更多

向團隊成員提出「請告訴我更多」，用意是鼓勵他繼續放聲思考。別忘了，創造空間讓團隊成員說出想法，有助對方自行解決問題。「請告訴我更多」充分表達好奇心，不帶批判，不以自身預設立場或解讀來主導對話，所以效果極佳。

對話方向交由團隊成員主導，也有賦權之效。

「請告訴我更多」還有其他表達方式：

還有什麼呢？

繼續說。

還有什麼要補充的嗎？

你對此有什麼感受？

你對此有什麼看法？

對你來說，什麼最為重要？

請自由發揮、盡情實驗，總有最適合你的表達方式。

關於「請告訴我更多」的爭論

本書宗旨，是要讓你和團隊成員日常對話時，輕鬆嘗試教練技巧。身為專業教練，我的措辭換你來說也許不夠自然，為避免你打退堂鼓，我盡可能列出各種表達方式。

從火箭科學家轉行當學者的歐贊・瓦羅，他有篇部落格文章叫〈三種反直覺招式掌握對話要領〉，閱讀過後，我決定使用「請告訴我更多」，此說法在面試十分常用，主管多半很熟悉，各式各樣問卷調查也經常出現，因此聽來不會不自然。不過，也有教練反對此用詞。

克萊兒・佩得瑞（2021）反對「請告訴我更多」中的「我」，認為教練對象解決問題的責任會遭剝奪。克萊爾・諾蔓（2022）也持同樣觀點，認為「『請告訴我更多』這種說法，可能無意間被誤解為『請告訴我所有必要資訊，好讓我幫你解決問題。』」她主張，教練對話的用意，並非讓你掌握問題癥結，而是讓對方激發靈感、釐清問題。

佩得瑞、諾蔓二人偏好「請繼續說」，諾蔓建議用「你對這件事有何理解？」誠如前文所提，有些措辭對你來說不見得自然，這也是一個例子。

我的反駁是，作為主管，確實會希望團隊成員如實報告事情經過；要有效管理團隊及其績效，掌握情況確實是職責所在。比起直接給答案，教練式對話的一大好處，就是更能充分掌握問題全貌。我認為佩得瑞、諾蔓二人的疑慮，較屬於專業教練範疇，較不適用在主管身上，畢竟主管是運用教練式技巧，讓團隊激發最大潛能。

就算不斷提出「請告訴我更多」，也不必擔心團隊成員會察覺。我保證沒人會發現。忙著思考時，沒人會去留意你問了什麼，只會專注在回答問題上。就算團隊成員發現並點出來，最糟情況不過就是很逗趣，大笑幾聲最能刺激思考。

重點摘要

把聽到的內容重點摘要，能展現你有洗耳恭聽。盡量簡短，不必逐字逐句複述，只需說出聽到的核心內容即可。說得愈多，團隊成員思考就愈少。

團隊成員聽到重點摘要，尤其是自己提到的關鍵字，如同再次聽見自己放聲思考，進而發掘其中有何漏洞（Whitmore 2017）。與我合作的主管，聽我複述其上次會談以來的努力成果，經常會意識到，他們自我要求太高了。

類似於提出「請告訴我更多」，還有另一種方法可問團隊成員：

剛剛所說的，你會怎麼摘要重點？

若團隊成員說了很多，這招特別管用，一來迫使他挑出重點中的重點，二來繼續讓他主導對話。這招對你也很實用，畢竟偶爾難免會不小心分心，思考晚餐要吃什麼。

有時最有效的重點摘要，是挑出某詞，加上問號重述一次。比如說，人有時會卡關，是因自我預設「應該」做某件事：「我應該每天都要上健身房」、「我應該要能全都完成」、「我應該更常待辦公室」。聽到這類說法時，我可能會說：「應該？」這下，他們就明白了。

最後才提供支援

告訴他人你將如何幫忙，如同剝奪其主導權。幫對方減輕困擾的當下，你也許覺得開心，但「幫忙」會讓對象感到「被動接受」，而非「與你合作」

（Mannix 2021）。他們會對自身能力喪失信心，久而久之養成無助感，對改變現狀無能為力，事事徵求你的意見，不敢作主。

在第十三章，我會再詳述如何提供支援，也在此提醒，最好的幫忙，就是協助團隊成員自行想出解決方案。記住，好好傾聽，別插手處理。對話到最後，雙方都清楚需要什麼支援時，再提供協助。如此一來，團隊成員能保有掌控權，可提出需求、選擇接受何種援助。你可以這麼問：

你希望我提供什麼樣的支援？

多些沉默

如前所述，全神貫注少不了保持沉默。帶教練二步曲工作坊時，我給學員第一個練習，就是聽夥伴說話兩分鐘。除了聆聽，什麼都不能做。如果夥伴說到無話可說，兩人之間只能保持沉默。他們對此很排斥，覺得太冷漠，彷彿雙方沒好好互動。他們說對了。

他們確實沒互動，但卻為對方留下思考空間。別忘了，你可以運用非語言動作，譬如露出鼓勵的微笑，展現你保持沉默之餘，有用心傾聽。沉默當下，思路最為清晰。團隊成員也需要片刻沉默，消化眼前問題，才能夠放聲說出想法。沉默還有一種功能，就是放慢對話節奏，雙方都能充分消化所有資訊。

沉默本身也像在提問。還是菜鳥資訊稽核員時，我學到了這一點。有一天，我帶著前兩次漏問的問題，再次跑去請教會計部的艾格妮絲。我埋頭看著筆記本，絞盡腦汁摸索自己到底寫了什麼，實在不想再跑第四趟，沒想到她脫口而出：「喬有權限，我不在時，他有辦法查資料。」喬是資訊主管，理當不該有財務系統權限，對稽核員來說簡直敲響一記警鐘。欲知事情真相，就保持沉默吧。

讓對話多些沉默，有種方法很簡單：團隊成員講完話後，等待兩秒。留空間讓對方沉澱思緒，也留時間給自己思考下一個問題，同時又能專注在對方身上。請記住，你永遠不必擔心無話可說，只要回頭提出「請告訴我更多」或重點摘要就可以了。

試試「教練二步曲」吧

以教練式風格和團隊互動的訣竅，如今你已充分掌握。不妨嘗試將這些技巧運用在日常對話，看看會有什麼變化。就像我的工作坊學員，起初可能覺得生硬、不自然，不像「平常」對話那般互動流暢。這很正常，畢竟這跟平常對話大相逕庭。平常對話時，你會直接告訴團隊答案，到頭來工作由你承擔，也正因為如此，你恨不得有三頭六臂。

倘若採取教練式風格，對話方式會煥然一新，你和團隊成員都能受益。這些習以為常的技巧，如今要換種方式來運用，起初略顯生硬、不自然都很正常。學習新舞步也一樣，一旦逐漸熟悉，就會像日常對話那樣自然親切，只是稍有不同。

嘗試看看教練式風格吧。不會出錯的，照著本書建議實驗放手一試，能讓你輕輕鬆鬆、積少成多、一天比一天更像教練。萬一教練到後來變導師怎麼辦？沒關係。只要多多留心，想想哪些地方可以調整，繼續前進就對了。你已經很棒了。

建議實驗

- 專注力百分百放在團隊成員身上，彷彿空間裡只有對方，直到他講完為止。對話中，你有留意到什麼嗎？

- 下次對話時，提出「請告訴我更多」，看看會產生什麼變化。接著再提一次，看看有何不同。你覺得對方會察覺嗎？
- 將聽到的內容重點摘要，複述給團隊成員聽。聽到重點摘要後，團隊成員有何反應？

重點回顧

- 只要運用三種你已具備的技巧，便能施展教練二步曲，幫助你與團隊展開教練式對話。
- 專注是最重要的一環，能為團隊成員營造心理安全感，讓他能自在傾吐，也實踐了「好好傾聽，別插手處理」原則。

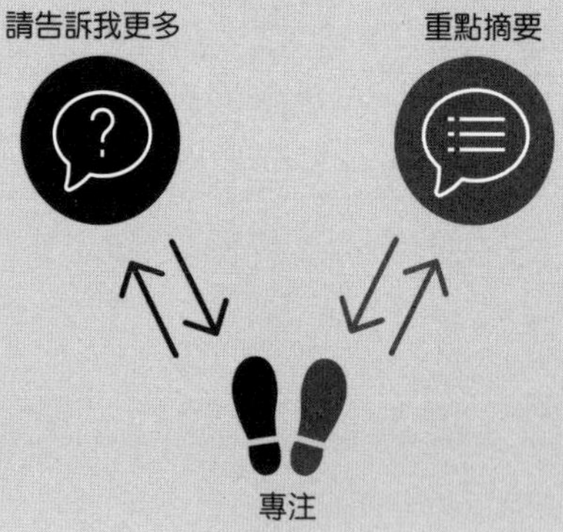

- 運用「請告訴我更多」、「重點摘要」此二技巧，鼓勵團隊成員多多說出想法、放聲思考，一來符合讓其主導對話的原則，二來也合乎「好好傾聽，別插手處理」原則。
- 提問前，至少每種方法都用一遍，最好是兩遍。
- 請團隊成員告訴你，他需要什麼支援；如此一來，他會感覺到你們是一同努力。請詳見第十三章。

- 沉默時，思緒最為活躍。有提問的功能外，還能放慢對話，留空間給團隊成員整理思緒。

- 試試教練技巧吧，不會出錯的，就從建議實驗小試身手吧。

第三章 教練式問句

有人來請教問題時，你通常會拋出兩類問句：一是如何幫他解決問題，二是「假問句」，也就是包裝成問句的建議。教練式方法好處在於，能幫助你減輕壓力，不必解答所有問題；先問後說，由團隊成員自行得到解答，能增進使命及責任感，確實付諸實踐。

教練式問句能激盪團隊成員思考，碰撞出前所未有的點子。提問之後，團隊成員通常會陷入沉默，眼神忽上忽下、四處飄移，這代表靈感正在醞釀。由於一邊說話，一邊整理思緒，說話時可能斷斷續續。構思靈感過程中，團隊成員將會自行找到答案。

所有問句的用意，都是讓你回歸到「教練三步曲」的專注狀態。在此階段，你有兩種方法可選：對團隊成員提出「請告訴我更多」，或重點摘要，以鼓勵團隊成員繼續思考。拋出下一個問句前，至少使用其一方法，讓團隊成員進一步腦力激盪。

問句簡短即可

理想上，問句最好別超過十個字。你講得愈多，團隊成員思考也壓縮了。

提問以成果為導向

教練式問句通常是成果導向，也就是說，向團隊成員提問，是要問出他對未來的願景，而非談論過去。對於自己的過去和現在，團隊成員再熟知不過了，唯獨構思解決方案時，經常一頭霧水。目標不明確，又怎麼達成目標。所以，不妨從以下問句問起：

你的理想成果是什麼？

你希望有什麼進展？

對你來說，最佳成果是什麼？

資訊會透過感官傳輸到大腦。問團隊成員看到、感受到、聽到什麼，有助他消化整理既有資料，找到解決現狀的新方法。針對團隊成員的感官知覺，可以這麼問：

若成果達成，你會看到什麼？

若成果達成，你會感受到什麼？

若成果達成，你會聽到什麼？

理想成果愈明確清晰，團隊成員愈能想方設法，盡快達成目標。運用教練二步曲，幫助團隊成員豁然開朗，每種方法至少用一次，最好是兩次，接著才拋下一個問句。

盡量以「什麼」提問

問句以「為什麼」開頭，常會讓人憶起小時候，長輩、老師劈頭就問：「為什麼你要那樣做？」因此，這類問句容易觸發防衛反應；身為專業教練，提問時我會盡量以「什麼」來問，較能展現出充滿好奇、不帶批判的態度。

以下幾個例子就來示範，「為什麼」問句如何改造成「什麼」問句。

「為什麼」問句	**改造為「什麼」問句**
為什麼你要那樣做？	你那麼做，背後有什麼想法？
為什麼你認為他們沒回應？	他們沒回應，你認為有什麼原因？
為什麼這讓你煩惱？	你認為什麼最重要呢？
為什麼不試試看……	有什麼其他選擇嗎？還想得到什麼嗎？

「可能」問句能激發好奇心

問句中加上「可能」，一來能減輕壓力，對方不須擁有正確答案，二來能引發好奇、促進腦力激盪。兩人以上共同解決問題時，這招也十分有效。

舉例來說，聽到「對我們來說，理想成果會是什麼？」、「對我們來說，理想成果可能會是什麼？」這兩種問句，理解上有何不同？

問句加上「可能」，似乎能讓對方知道，不必擔心被自己說的話綁住，想到什麼點子都能放心表達。此外，能營造輕鬆氛圍、激發創意，讓人茅塞頓開。以下「可能」問句也相當不錯：

這件事可能從其他角度看嗎？

這問題可能找誰一起幫忙呢？

所需資源還可能從哪取得呢？

不會出錯的

有些問句也許較有效，有些效果較差，但只要用意是幫團隊成員自行挖掘答案，就不會出錯。相信我，教練二步曲能幫助團隊成員達成目標。學習教練技巧過程中，我發現事先準備問句，以免臨場腦袋一片空白，這方法相當管用，所以本書最後附上問句庫，建議問句皆依各章分門別類，以便快速查閱。

建議實驗

- 團隊成員來請教問題時，先問其理想成果是什麼，其他話晚點再說。
- 下次會議需要集思廣益時，試著使用「可能」問句。

重點回顧

- 藉由提問，進入教練二步曲專注狀態。
- 教練式問句的用意，是鼓勵團隊成員創新思考。
- 教練式問句盡量簡短，目的在了解團隊成員理想成果是什麼，最好以「什麼」提問。
- 要激發團隊成員的感官知覺，可問其達到理想成果時，會感受到什麼、看到什麼、聽到什麼。
- 問句中加進「可能」，能激發創意、迸出更多點子。
- 只要用意是幫助團隊成員自行找到解決方案，不會出錯的。

第二部

教練式團隊管理法

第四章
五分鐘內完成教練會談

我們出於本能，覺得直接告訴人怎麼做比較快，用教練技巧太慢了。以下就來打破迷思。

教練二步曲的教練式技巧，既然能運用在日常對話，就代表不會耗費數小時。若你還是擔心，以下介紹的方法很管用。此方法稱為「教練框架」，能讓團隊成員集中腦力，在有限時間內完成任務，即使只有短短五分鐘。

共建教練式對話框架

有句老話叫「帕金森定律」，不知你可聽過：「工作會不斷膨脹，直到可用時間都填滿。」好吧，如果沒設下時間限制或框架，教練對話也一樣會不斷膨脹，直到可用時間都填滿。

一旦設置教練框架，教練對話就有了邊界，明確規範要談什麼、不談什麼。這方法十分重要，能幫助團隊成員專注在有用資訊，以找出問題解決方案。教練框架包含：

- 對話**主題**
- 正面表達**可用時間**（見下文）
- 團隊成員期盼從對話得到什麼**成果**。

何謂正面表達可用時間？

感到時間緊迫時，思緒容易混亂；因此，即使有空的時間很短，正面表達你有多少時間，能讓對話更從容自在。比起「我只有五分鐘」，「我有五分鐘」聽來寬裕許多。

表明自己有多少時間後，看時間就顯得合理多了，團隊成員不會誤解你是興致缺缺（Mannix 2021）。明確表達時間，能讓你和團隊成員知道，接下來行程不會耽擱，從而營造心理安全感（Norman 2022）。如此一來，在這段時間內，你們也就更能自在互動。

以下例子就來示範，如何共建教練對話框架：

團隊成員：我很怕跟楚迪討論尾款的事。

你：你怕的是什麼呢？

團隊成員：他們肯定會推託，要我回去找應付帳款部，但應付帳款部早就告訴我，要等批准才能處理發票。

你：想聊一聊這件事嗎？我現在有五分鐘。

團隊成員：好啊，那會很有幫助。

你：我們要解決的問題是什麼呢？

團隊成員：我要怎麼做，才能讓楚迪批准發票？

你：好，所以在接下來五分鐘，你想知道怎麼讓楚迪批准尾款發票，對吧？

團隊成員：沒錯。

你：好，那我們從哪裡開始好呢？

從這個例子來說，團隊成員來求助問題，你表明自己有多少時間，把話題放進教練框架。下一步，問團隊成員希望從對話獲得什麼成果，以讓他主導對話。你可以這麼問：

你希望從這次對話得到什麼？
對話結束後，你希望達成什麼目標？

或者，誠如上述例子所示，你可以問團隊成員，想要解決的問題是什麼。南希．克萊恩是我非常敬愛的教練，她曾說，問題明確時，大腦思考最為活躍（2011）。大腦具有連結機制，不喜歡問題懸而未決；就像有時候，某個字都到了嘴邊，怎樣都想不起來，結果當日稍晚突然就閃現腦海。

若沒能在時間內找到答案，團隊成員會帶走問題，繼續讓大腦運轉。最後，主管會重申對話框架，徵詢團隊成員同意，問他打算從何處開始著手。

教練對話時，若時間快到，對方還未得出答案，我發現自己很容易切換到「告知模式」。請留意看看，你是否也有類似情況；這很正常。職涯當中，你一直以來都替人想解決方案，擺脫本能衝動確實要時間。務必記住，你不必成為萬事通，讓團隊成員自行想出答案，能增進其使命感。

如何打斷

團隊成員如果滔滔不絕、說個沒完，共建框架就格外重要了！時間快到時，可以打斷團隊成員，告知還剩多少時間（語氣保持正面），詢問對方希望剩下時間談些什麼。例如：

你：不好意思打斷一下，我發現還剩兩分鐘。你覺得剩下時間，談些什麼對你最有幫助？

諾蔓（2022）也建議，對話較長時，隨時留意時間，因為每次回到框架，似有助於團隊成員激發新點子。

建議實驗

- 倘若時間緊迫，嘗試站著對話。

這是以前做專案管理學到的竅門。那時，我每早都會召開十五分鐘站立會議。有一天，禁不起大家怨聲連連，改坐著開會，結果一開就是四十分鐘。隔天起，大家樂得恢復站著開會。

重點回顧

- 和團隊成員共建教練框架，設定對話邊界，讓對方專注在解決方案上。
- 告訴團隊成員你有多少時間，以正面語氣表達（例如：「我們有五分鐘」）。之後要打斷，就不會尷尬了。
- 詢問團隊成員在這段時間內，希望達成什麼目標、解決什麼問題。
- 將對方想達成的目標、解決的問題重點摘要，並提醒剩下多少時間。
- 隨時留意時間，有助團隊成員激發靈感。

第五章 解決問題

想減少工作量、促進團隊發展，採取教練式風格就對了，團隊成員獨立解決問題的能力會因此提升。當下看似很花時間，但正如第四章所說，其實不盡然如此。有位叫傑登的主管，參加了我的工作坊，說道：「六個月來，看到團隊成員有明顯進步，能夠自己解決問題，感覺真是太棒了！」

替團隊成員解決問題，即使是對方請求，未來碰到類似問題時，恐怕也會不知所措。讓團隊成員主導對話、自行找出解決方案，不僅能增進使命感，對成果也更有責任感。

也就是說，他們不必經常來問你。教練二步曲能有效協助他人釐清問題，假使問題較複雜、團隊成員手足無措，可結合以下教練式問句，引導團隊成員激發靈感。

理想成果要明確

採取教練式方法，能幫你減輕壓力，不必事事都得想出解方；也就是說，你不須對特定問題或工作範疇瞭若指掌，也能為團隊成員提供教練會談。即使請他一五一十說明來龍去脈，也只會繼續卡關，跳不出既有思維。要是從中能得到解答，也就不必來找你了。

有人來請教問題時，我們自然反應是針對問題提問。這麼做不見得有幫助，原因還有以下二點：

一、團隊成員就算提出解決方案，恐怕都跳脫不出問題本身，無助於提振士氣。

二、你的大腦會自動設法尋求解決方案，注意力勢必從團隊成員身上移開，專注在替他解決問題。

以下就來舉例說明。假設團隊成員在簡報前一天來找你，說自己做不到。問起原因，他說肯定會搞砸。於是你接著問：「是什麼讓你覺得會搞砸？」、「有什麼方法能讓你不搞砸？」藉由「什麼」問句，複述團隊成員的用語，展現你有傾聽，固然不錯。只是，由於仍圍繞在問題本身，反而會強化「搞砸」的印象，導致團隊成員滿腦子只想擺脫現況。

問句集中在問題本身時，很容易陷入插手處理模式，不知不覺間建議團隊成員該怎麼做。別忘了「好好傾聽，別插手處理」、「先問後說」二原則，跟著做就對了。你會發現，團隊成員往往過度聚焦於問題本身，忽略了實際想達成什麼成果。

請團隊成員描述理想成果，能突顯現狀和目標之間的差距，進而發揮創意，設法縮短差距。此階段重點為引導，約占總時間百分之六十到七十，一旦團隊成員釐清理想成果是什麼，達成目標的步驟會迅速浮現。以下問句可視情況調整：

若一切順利，會發生什麼事？

若有魔法，你希望明天有什麼不同？

若今天一切順利，會是什麼樣子？

你想達成什麼目標？

你真正想要的是什麼？

運用以上問句，進入教練二步曲，運用該模型的方法，幫助團隊成員豁然開朗、描繪出理想成果。描述理想成果時，盡量簡潔有力，十字內尤佳，如此才能聚焦在核心重點，牢記在心。若他對理想成果仍拿不定主意，不妨讓他晚點再來找你。他的大腦會繼續默默運作。

回到上面情境，團隊成員理想成果也許是「我想看起來自信又在行」。你會發現，團隊成員釐清理想成果時，其肩膀彷彿卸下重擔，說起話來更熱忱洋溢、活力充沛。

揪出阻礙思考的預設立場

找出理想成果後，團隊成員若仍停滯不前，可能是思考被預設立場綁住了。預設立場指先入為主的看法，通常無事實根據。要揪出團隊成員內心是否有預設立場，可以這麼問：

有沒有可能是什麼預設立場，阻礙你達成〔理想成果〕？

接著問「還有什麼呢？」二到三次，以協助團隊成員逐步找出阻礙思考的預設立場，接著問：

哪種預設立場是你最大阻礙？

這一回，運用教練二步曲「請告訴我更多」方法，讓團隊成員思索其預設立場是否真確。

「請告訴我更多」與「還有什麼呢？」有何差別

← 還有什麼呢？ →

請告訴我更多
↓

一般來說，我會用「請告訴我更多」來深入探索一個話題；問「還有什麼呢？」時，則是要拓寬思考、激盪出更多點子。要牢記在心很簡單，把二句聯想成一個T形。即使不小心混用了，也不必擔心；不會出錯的，團隊成員終究會往目標邁進。

如果團隊成員陷入僵局，老是回答「不知道」，不妨試試「填空」技巧。這招我相當喜愛，簡單明快，朗朗上口，大多數時候都能奏效。

我真的很想〔填空〕，但〔填空〕。

舉例來說：「我真的很想看起來自信又在行，但怕碰到有問題回答不了。」人人都有負面偏誤，這也就是為什麼，我們總有千百個理由，說服自己做不到，而非肯定自己做得到。和釐清理想成果一樣，填空內容應簡短有力，請團隊成員盡量限制字數，個別十字以內。

此方法十分有效，能切中團隊成員困境核心。以上述情境來說，團隊成員擔心現場答不出問題，會顯得能力不足。

一旦說出自我設限的預設立場，「啊哈」瞬間，團隊成員恍然大悟，表情也會十分明顯。與找出理想成果一樣，你會發現，他肩上彷彿卸下一塊重擔。有了嶄新體悟，可能會沉默片刻，沉澱思緒；就這樣保持靜默，讓他繼續思考。確定對方沒有要補充時，再採用教練二步曲，進一步探索其預設立場。

若團隊成員仍卡關

若團隊成員仍裹足不前，不妨提出以下問句，幫助對方跳脫困境、突破思維，轉而思考解決方案。

朋友若遇到類似問題，你會給什麼建議？

這招幾乎屢試不爽。我們向來熱衷給人建議，而這些建議通常對自己最管用。

如果我不在場，你會做些什麼？

團隊成員若太習慣依賴你，就不會停下來思考，自己要如何解決問題。若知道對方確有能力，只是習慣向你求救而裹足不前，就可以提出上述問句。

如果沒有任何限制，你可能會做些什麼？

如果知道不會失敗，你可能會做些什麼？

讓團隊成員馳騁想像，沒有任何限制下，打算如何應對眼前情況，如此一來，與生俱來的創造力會甦醒，啟發源源不絕的無限可能。

若團隊成員仍束手無策，可能有某種因素，打從心底還不願面對。讓他思考一晚再回來討論。思考既然已啟動，離開後也會持續運作。

建議實驗

- 團隊成員來請教問題，先問問其理想成果是什麼，別急著替他解決。
- 下次換成自己卡關時，不妨嘗試「填空」技巧，看看是否奏效：我真的很想〔填空〕，但〔填空〕。

重點回顧

- 問問團隊成員有何理想成果，理想情況又是什麼？
- 團隊成員遇到瓶頸時，問他是否可能有預設立場，導致思考受阻。對方列出所有可能預設立場後，問他認為哪一個影響最大，接著以教練二步曲進一步探討。

- 要揪出是否有預設立場，有一種方法簡單可行，就是讓團隊成員填空：「我真的很想（填空），但（填空）。」
- 要讓團隊成員跳脫問題，轉而思考解決方案，可以這麼問：「你會給朋友什麼樣的建議？」、「如果我不在場，你會做些什麼？」、「如果沒有任何限制，你會做些什麼？」
- 如果團隊成員仍一籌莫展，讓他先思考一晚再說。

第六章
設定目標

想到過去在職場設定目標，我就尷尬得直想找地洞鑽下去。以下是我從前上班時，切切實實列出來的目標，其中有許多共通點，模糊籠統、索然無味，寫完就忘，直到隔年才會再拿出來回顧：

- 培養人員管理技巧
- 培養領導、管理能力
- 成功執行專案

這些目標確實可惜。一份報告回顧了三十五年多的研究成果，發現設定目標確實有助提升績效、工作滿意度（Locke & Latham 2002）。有了目標，能讓你聚精會神、付出行動，去實現心目中最重要的事，激勵你以嶄新方式發揮知識技巧，加速個人成長。

該報告還指出，目標應具體明確（不能像上面目標那樣模糊）、個性鮮明、有一定難度。採取教練式風格，能協助團隊設立鼓舞人心的目標，發自內心想堅持到底。

團隊目標須與你及組織的目標一致，因此，這場對話也攸關你的利益。這一點可坦率表達；若目標不一致，可運用第五章方法提供教練會談。若團隊成員目標不切實際，第九章內容會有幫助。在教練、導師之間來回穿梭在所難免，務必記住「先問後說」原則。了解團隊成員的觀點後，再補充你的想法。

讓目標有意義

目標讓人有所收穫，團隊成員才會鍥而不捨去達成。目標得滿足其需求、渴望、抱負，否則就像我以前列的目標一樣，只會塵封在檔案夾，直到績效考核時間到了才重見天日。即使有些目標是由你或組織所定，若能與團隊成員的職涯抱負扣連起來，便仍可深具意義。

第一步，是幫助團隊成員去發掘，什麼對他富有意義、至關重要。這還有一個好處，之後即使面臨困境，也能有充分使命感去達成目標。可使用以下問句，回到教練二步曲，運用該模型方法，幫助團隊成員開拓思維：

你的夢想是什麼？

達成目標能讓你增加什麼能力？

此目標對你有什麼重要意義？

達成目標對你（你的家人、朋友、團隊、組織）有什麼意義？

如果能達成目標，會有什麼不同？

達成目標後，你會多擁有什麼呢？

要協助團隊成員讓目標更有意義，也可提出感官知覺問句，例如：

達成目標，會有什麼感受？

想像目標已實現，你會看到、聽到什麼？

當年主管看到我目標寫著「培養人員管理技巧」，要是能用此方法引導我，也許我就能更早意識到，自己只是渴望升遷。之所以渴望升遷，是想參與制定學習策略。要是能提早領略這一點，也許就有更多職涯可能了。

確保目標以正面方式表達，才能讓團隊成員專注於理想成果，而非不想要什麼結果。目標若以負面方式表達，會像這樣：「我的專案絕不能超出預算」；較正面、切合實際的表達方式是：「我的專案會控制在預算上下百分之十內」。若團隊成員的目標聽起來較負面，可以這麼問：

如果用正面方式來表達目標，會是什麼樣子？

最後，目標務必言簡意賅、朗朗上口，你可以這麼問：

如果最多用十個字來表達，你的目標會是什麼？

第五章介紹如何釐清團隊成員的理想成果，兩者進行方式相當類似。此階段花愈多時間，下一步讓目標變得可衡量、朗朗上口就快多了。一般來說，會談若時長三十分鐘，此階段約占十五到二十分鐘，接著才往下進行。

讓目標可衡量

洛克及萊瑟姆（2002）發現，實施進度追蹤，可提高目標達成率。因此，建立一套衡量法極為重要。有一種問句我十分鍾愛，改編自佩得瑞（2021），能幫助團隊成員找到衡量方法：

我們要如何知道你已達成目標？

乍聽之下也許有些古怪，但每次都能獲得答案。教練界常用的量表問句也不妨試試，問法如下：

量表分數由低到高，一到十，你現在離〔目標〕有多近？

舉例來說：「量表分數由低到高，一到十，你現在離制定學習策略有多近？」團隊成員評分若超過七，就得和他談談，以確保目標足以激勵人心。也許是，但確認一下無妨。接下來繼續問：

你希望明年此時達成幾分？

團隊成員可能會說十，或給較低分，譬如八。沒關係，這是他的選擇。鼓勵團隊成員設定目標時，至少比現在高出三分，才有足夠挑戰、成長空間。這一點很重要，目標得有一定考驗，才能獲致成功（Locke & Latham 2002）。

與團隊成員從事進度討論時（詳見第八章），量表衡量法也頗為實用，不僅有助於追蹤進度，也能討論如何進展到下一階段。

讓目標朗朗上口

本書撰寫過程中，我在牆上貼了封面照，標上暫定書名，作者是我。每天看著照片，時時提醒自己首要之務是什麼。目標好記，會讓人更摩拳擦掌、躍躍欲試，所以請盡情發揮滑稽古怪之能事吧。

一位我教練會談過的主管，深受紐西蘭前總理傑辛達・阿爾登啟發，期許自己成為一位善良領導者。碰到棘手情況時，她會問自己：「傑辛達會怎麼做？」

團隊成員想出來的點子，在你來看匪夷所思也沒關係。只要能幫他找到方法，對目標興致勃勃，就可以了。多多嘗試這些問句，採用教練二步曲的方法，協助團隊成員絞盡腦汁、讓目標朗朗上口：

有什麼字詞能扼要表達目標重點？

有什麼方式能讓目標更朗朗上口？

這個目標會讓你想起什麼？

若知道團隊成員有在運動或熱愛音樂，不妨嘗試以下問句：

如果你的目標是︹對方興趣︺，那會是什麼？

詢問團隊成員需要什麼支援

為增進團隊成員對目標的使命感，最好的支援方式，不是直接告訴對方需要什麼，而是由他負責提出需要何種協助。可使用下列問句來引導：

你希望我怎麼支援你？
你還可以從哪獲得支援？
你希望如何討論目標進度？

團隊成員提出的需求，你不必照單全收。提出其他建議，或花些時間思考替代方案，想到再回頭和對方討論，都絕對可以。

建議實驗

- 嘗試用此方法設定自身目標，看看會得到什麼結果。練習小組若有二到三人，也很適合納入練習，詳見第十四章。
- 下次一對一會談時，試著提出量表問句。可嘗試以下問句：
- 你覺得自己多有信心？
- 這項專案完成得如何？
- 你覺得有獲得多少支援？

重點回顧

- 目標要有效，得具體明確、富有意義、有一定難度。

- 要增進團隊成員對目標的使命感，花些時間讓他談談目標是什麼、為何深具意義。
- 讓團隊成員告訴你，要如何知道目標已達成。若目標很抽象，不妨提出量表問句，以了解其當前進度、預期進展。
- 引導團隊成員發揮創意，讓目標變得朗朗上口，以深深烙印在腦海。
- 讓團隊成員說出需要哪些支援，可增進其對目標的使命及責任感。

第七章
權力下放

要減輕工作量，同時促進團隊發展，最簡單的方法就是權力下放。說來簡單。害怕失去掌控、怕團隊負擔過重、覺得自己處理更快，這些念頭經常構成阻礙。只要採取教練式方法，便能克服這些障礙，好處多多：

- 立即激發團隊成員對任務的使命及責任感
- 洞悉其做事方法，有助你及早發現問題
- 合作前先達成共識。

不過，你也得放棄：

- 妄下判斷，揣測團隊能力
- 認為自己方法是唯一正解
- 對團隊成員採取緊迫盯人式的微觀管理
- 背地修正其工作成果。

多虧教練下戰帖，要我把更多財務、行銷工作下放給助理，我才得以騰出大量時間來寫這本書。這才意識到，那些看似瑣碎的任務，其實相當耗神。原以為交接至少要一個月，結果只花一週！下放的任務不見得總是特別有趣，直言無妨。對團隊成員來說，能和你多些共事，也未嘗不是件樂事。

共建權力下放框架

類似第一章的約法三章，建立權力下放框架時，你會運用「詢問、補充、詢問、補充」模式，在教練與導師之間切換。此模式另一好處是，讓團隊成員主導對話，能增進其對後續任務的責任感。例如：

詢問：你希望我怎麼說明工作內容？

補充：你的想法

詢問：你覺得還需要什麼嗎？

補充：你的想法（若有）

補充想法時，你是站在導師的角色。可以藉此機會，盡情補充說明、提供建議、分享經驗。接著問團隊成員有什麼問題、想補充些什麼，這也符合「先問後說」原則。在此舉個實例：

你：丹尼的缺要找人來補，我希望由你主責招募。你願意接下任務嗎？

團隊成員：當然，我一直都很想嘗試看看。

你：太好了，我們來跑一遍流程，你現在有十五分鐘嗎？

團隊成員：有。

你：你希望我怎麼說明呢？

團隊成員：我也不確定。

你：我可以提個議嗎？

團隊成員：可以。

你：如果我大致介紹整個流程，等你實際走到每一關，我們再詳細討論，你覺得如何？

團隊成員：嗯，我覺得可以。有什麼資料可以參考嗎？

你：有，待會結束我會寄連結給你。你覺得還需要什麼嗎？

團隊成員：目前沒有，可能要聽你說明流程才會想到。

你：很好。開始前，我們先有個共識，過程當中，如果你有任何問題，隨時可以打斷我，你覺得如何？我怕不自覺會冒出人資術語。

團隊成員：沒問題。

你：好，招募流程共有六階段……

教練對話中，你的說話時間約占百分之十到二十；權力下放對話時，由於須分享任務經驗和成功祕訣，說話時間會占到百分之三十到四十。

展開權力下放對話前，花點時間思考，團隊成員需要了解什麼，針對流程需要多具體的指示。工作方式愈有彈性，團隊成員的使命及責任感愈強。

確認理解是否充分

按照邏輯，接下來就該問問，團隊成員是否有任何問題。問句措辭可能遠比你想像重要。歐贊·瓦羅在部落格文章〈沒錯，有些問句很蠢〉提到，「還有任何問題嗎？」、「你有懂我意思嗎？」這類問句，通常對方只會回答「有」或「沒有」，誰想在主管面前顯得愚蠢？所以，調整一下措辭，改成這麼問：

還有什麼問題嗎？

這會讓團隊成員知道，你期待他提出問題，且能放心提問。不妨事先告知，好讓他有心理準備。不過也別忘了，有些人需要先回座，晚點想到問題再來找你。從團隊成員提問，能讓你及早發現問題，從而更有效管理。

團隊成員提問時，你可能會出於本能反應，以迅雷不及掩耳的速度提供解方，陷入建議模式而無法自拔。回答之前，先停頓一下，思考問題是否須由你來解答，或者可當成教練機會。不是所有提問都得變教練機會，不然團隊成員也會抓狂。要確認對方是否充分理解，還可用下列問句：

對於處理這件事，你有什麼想法？

你有什麼顧慮嗎？

你認為目前有什麼挑戰？

你還需要我提供什麼資訊？

你手邊還有什麼任務？對於這項專案／任務會有什麼影響？

多多運用教練二步曲的方法，讓團隊成員充分回答，如此一來，也更能確保他努力方向無誤。權力下放也是極佳發展機會：

你打算發揮哪些優勢來處理這件事？

你希望從中學到什麼？

這項任務需要的知識技能，有什麼是你覺得目前欠缺的？

延續「先問後說」原則，別忘了補充你的想法。藉此機會，好好鼓勵團隊成員，表達對他多麼信賴。

約法三章，談好合作方式

如同第一章所說，約法三章有助你與團隊成員達成共識，談好彼此如何合作。對話過程中，雙方會展現脆弱的一面，坦然接受未來會有重重難關，並就屆時如何應對問題達成共識，因此十分管用。這麼一來，能創造心理安全感，確保之後碰到棘手問題時，能放心回報；也提供一套流程可循，可減少不安。方法請詳見第一章。

建議實驗

- 下次與團隊成員一對一會談時，詢問他是否有能力承接更多任務、想挑戰哪方面業務。
- 下次對人解釋一件事情時，試著問「還有什麼問題嗎？」，別問「還有任何問題嗎？」

重點回顧

- 讓團隊成員主導對話，能立即激發使命感，對接續任務也會更有責任感。
- 共建權力下放框架，可用「詢問、補充、詢問、補充」模式：
  - **詢問**團隊成員希望對話如何進行
  - **補充**你的想法
  - **詢問**團隊成員有什麼需要補充
  - **補充**你的想法（若有）
- 你說話的時間占百分之三十至四十。
- 詢問團隊成員還有什麼問題。
- 善用問句，確認對方理解、知識、方法是否得當，以能及早發現問題，了解如何有效管理團隊成員。

- 與團隊成員達成共識，約好之後進度討論何時何地進行、頻率多少，哪些事項需立即向你回報、哪些可自行處理。

第八章
進度討論

以教練式方法展開進度討論，能促進團隊成長。請團隊成員就進度自我評價，能讓他們更加自立。也就是說，他們會承擔更多責任，占用你較少時間。

跟教練會談很類似，進度討論隨時隨地都可進行，不必非得正式、事先排定。我早期有個主管，經常在找客戶開會的路上問進度，回程亦然，目的是要確保我在工作上有收穫。我想，對他來說也能節省時間，一舉兩得，但對我也很有幫助。他很關心我的職涯成長，我永懷感激。

自我評價問句

展開進度討論時，我建議先從自我評價問句切入，否則很容易流於回報進度，白白葬送學習機會。以三十分鐘進度討論為例，不妨花十分鐘提出下列問句，幫助團隊成員找出個人優勢、能力、問題解決能力：

上次討論這個問題時，量表分數一到十，你自評四分。你現在給自己評幾分？〔接著問：〕你做了什麼努力，才能有此進展？〔接著問：〕需要做些什麼，才能再〔提高一分〕？

有什麼是你最滿意的呢？

有什麼進行特別順利？為什麼？

你對自己有什麼全新認識？

你克服了什麼挑戰？怎麼辦到的？

你發現自己有什麼優勢？這些優勢還可用在哪些地方？

如果能重來一次，你會有什麼不同做法？

你打算如何慶功？

藉由詢問挑戰有哪些，可創造教練機會，與團隊成員會談。記住，你不必擁有所有答案，而是要幫助他自行解決問題。

什麼部分最困難？

你目前面臨什麼挑戰？

你有碰到什麼瓶頸？

提問時，活用教練二步曲方法，協助團隊成員提出解決方案。趁此機會，鼓勵團隊成員花點時間，肯定自己為成果付出的努力。

請記住，負面偏誤十分普遍，比起好事，壞事更讓人印象深刻。製造機會，讓團隊成員肯定自身努力成果，有助其建立自信及自尊。這對忙碌的新手主管也十分管用。

如何取得回饋

與團隊成員一對一會談，也是獲得回饋的大好機會，對你的職涯發展大有助益。藉由以下問句，不僅可得到回饋，還能為團隊成員賦予權力、達到責任下放，讓其自行判斷何時需要你、何時不需要：

你希望我哪方面多參與、哪方面少參與？
有沒有什麼地方，你覺得其實我不必參與？

這類問句之所以有效，原因有三：

一、你是請對方**針對具體事項提供回饋**。團隊回饋若品質不佳，往往是因為問句過於籠統封閉，比如「你有什麼回饋可以給我嗎？」通常這類問句，對方只會回答「沒有」。被突如其來這麼一問，團隊成員會不知所措。

二、聽起來像**請對方給建議**，而給建議人人都愛。

三、你讓對方能**安心**提供回饋。由於問句以正面方式表達，團隊成員能坦然說出，對你的管理風格有何困擾，而非直接質疑你。

傾聽回饋，不代表你要照單全收，你和團隊成員一樣有權選擇。這能讓團隊建立心理安全感，既然主管都自請回饋了，之後若從你那得到棘手回饋，自然也較能接受。

徵詢同意，再分享你的想法

進度討論對話裡，除了讓團隊成員自我評價，你也需要提供回饋，因此你會在教練與導師之間來回切換。有一種方法能讓團隊成員主導對話，那就是徵詢同意。比方說：

我可以提個建議嗎？
我發現到一件事，可以分享嗎？
我知道某件事可能會有幫助，可以分享嗎？

如果分享我過去怎麼處理，你覺得會有幫助嗎？

有件事我覺得恐怕行不通，可以告訴你嗎？

有個地方我覺得你可以做得更好，可以分享嗎？

徵詢同意之所以有效，原因在於：

- 讓團隊成員**專注**在你接下來要說的話
- 讓團隊成員**有權選擇**，讓他主導對話
- **展現你脆弱的一面**；團隊成員有可能拒絕，由此能建立心理安全感
- 讓團隊成員主導對話，**減少**你們之間的**權力不對等**
- 讓團隊成員知道，你們在對話中是**平等的夥伴**。

唯有靜待團隊成員回應，這招才會奏效，否則，他看似有選擇，其實根本別無選擇。根據我十多年來的經驗，團隊成員拒絕的情況屈指可數，但萬一發生

了，就放下吧。告訴他，準備好了可以再來找你。

想法分享完，對團隊成員提出問句，切回教練角色。舉例來說：

這對你可能有什麼幫助？

聽完這些，你感覺有什麼變化嗎？

你現在有什麼想法嗎？

完成進度討論

進度討論結束前，留五分鐘向團隊成員提問：

還有什麼想談的嗎？

再次製造機會，讓團隊成員提出任何隱憂，也讓你有機會及早發現問題。他也許有些顧慮，不確定是否該提出來，或純粹還沒想清楚。多給他機會吧。如今知道開會目的是交流，而非抓把柄，他也許會自信得多。

建議實驗

- 進度討論前，告訴團隊成員你將提出哪些問句，好讓他提前思考答案。把準備好的問句擺在眼前，也就不會尷尬了。
- 下次跟團隊成員討論進度，結束前問他還有什麼想談的，看看會發生什麼事。

重點回顧

- 一開始，先讓團隊成員說明最新進度、自豪成果、即將面臨什麼挑戰。藉此，能幫助他更加覺察自身優勢、能力及問題解決能力。
- 請團隊成員給予回饋，以了解他希望你哪些方面可多參與、哪些地方可少參與。一來讓他對於求助與否負起更多責任，二來你也能獲得寶貴資訊，有助職涯發展。
- 徵詢同意，再分享你的想法。想法分享完，提出問句，回到教練模式。
- 進度討論結束前，詢問團隊成員還想討論些什麼，以免對方有問題來不及提出。

第九章 回饋

給予棘手回饋時，我們最害怕的不外乎對方反應。我將在本章說明，哪些因素會觸發負面反應，也會示範如何以教練式方法提供回饋，來減少給對方的衝擊。

與團隊成員之間的心理安全感愈高，愈容易達成；第一章「約法三章」、第八章「如何獲得回饋」問句，都非常推薦你放手一試。主管都自請回饋了，聽到主管給予棘手回饋，也就較能接受了。

戰鬥、逃跑、僵住反應

面臨威脅時，會自動觸發三種求生反應：

一、戰鬥（Fight）——主動正面迎擊

二、逃跑（Flight）——盡快逃離現況

三、僵住（Freeze）——盡量保持靜止不動，期盼威脅消失

身體進入求生模式時，理性批判思考會擱在一旁，傾注所有資源，準備隨時擇一反應（簡稱3F反應；Peters 2013）。

即使非有意為之，棘手回饋聽在團隊成員耳裡，可能如同一記攻擊，從而觸發3F反應。若發生這種情況，讓團隊成員主導對話，詢問他希望對話如何繼續。他可能需要一些時間來消化訊息，才能再與你詳談。

遭人指責時，若對方所控與我的價值觀背道而馳，我會面露尷尬作為防衛，

需要一些時間冷靜下來，才有辦法回歸理性討論。關於這點，不妨與團隊成員約法三章，請詳見第十章。

神祕會議的衝擊

不知有多少次，我走進會議室，怕被責備而膽戰心驚，結果只是分派新專案給我。大腦缺乏完整資訊時，會預設最糟情況，從而觸發3F反應。若純粹是「小聊」，不要在團隊成員的日程表安排語焉不詳的神祕會議，給他們一些背景資料吧。

察覺自己3F反應即將爆發，該怎麼辦？克里斯多福．伯格蘭（2019）曾分享一個小技巧，能控制你的迷走神經；身體能準備好應對威脅，靠的就是迷走神經。放慢呼吸，吐氣比吸氣長。這是告訴大腦一切沒事，接下來，迷走神經會讓身體解除高度警戒，放緩心跳，回到冷靜狀態。最棒的是，用這種方式呼吸，不會有人察覺。

設計回饋框架、徵詢同意

為減少棘手回饋的衝擊，不妨設計對話框架，為團隊成員提供一些背景資訊，讓他選擇是否要聽。這麼一來，便運用了教練式對話原則：由團隊成員主導對話、先問後說。試舉一例：

我想告訴你的事，會影響到你未來升遷機會；換作是我就會想知道，以便知道該怎麼做。說之前，想讓你知道，我會盡所能支援你。你想聽聽嗎？

此框架有四要素：

一、**背景資訊：**我想告訴你的事，會影響到你未來升遷機會。

此框架十分有效，能立即讓團隊成員知道，從此次對話能有何收穫。也能讓團隊成員有確定感，知道即將面對什麼，3F反應觸發機會也將隨之減少，即使你根本還沒開口。

想想看：如果有人給你一個罐頭，沒貼標籤，內容物不詳，要你吃下去，你會有什麼感受？不安會觸發3F反應，無法好好思考，身體會傾注所有資源，切換成求生模式。因此，務必提供背景資訊。

若已與團隊成員約法三章（詳見第一章），框架可以這麼開頭：「我知道升遷對你很重要，也約定過，如果過程中有任何問題，我會第一時間告訴你，好一起解決。現在方便談談嗎？」

二、同理心：換作是我就會想知道，好知道該怎麼做。

你也是人。沒人喜歡扮黑臉，坦言這消息聽了會不好受，一來是表示尊重，二來也展現你對團隊成員有充分信任，即使再棘手，也願意展開對話。如果你認為對方無可救藥，就不用枉費心機了。此外這也展現了你了解這類對話當中，會感到脆弱是相當正常的，如此一來，也能增進心理安全感。

三、支援：說之前，想讓你知道，我會盡所能支援你。

回饋本身只是一種資訊，團隊成員聽了，不見得知道該採取什麼行動。據我所知，有間組織採取三百六十度回饋流程，一年進行兩次，相當令人驚豔。可惜的是，光有回饋內容，卻無後續支援措施，導致每次審核時，問題依然如故。

覺察到問題，不代表會自動轉化為行動、改變；若沒提供支援措施，對方無從釐清該採取哪些行動。若沒打算好好協助團隊成員，不妨捫心自問，提供回饋是否真有必要。是一己之私，還是為對方好？

四、同意：你想聽聽嗎？

分享回饋前先徵詢同意，讓團隊成員主導對話，賦予對方選擇的權利，能打造心理安全感。他是這場對話的成員，而非被檢討的對象。因此，拋出問句後，務必停下來等待回答。

當他說「想」，代表已成功吸引其注意，可以提出回饋了。儘管少見，對方萬一說：「不想。」則可問為什麼：「我懂你現在還不想聽回饋，可以告訴我原因嗎？」也許是時間地點不太對，可以商量晚點或換個地方再談。務必給予充分自主空間，團隊成員才會願意接受回饋，否則也發揮不了效果。

徵詢同意這一點，乍聽之下也許不尋常，但確實行之有效。方法及原因請詳見第八章。

框架範例

以下幾個框架範例，也許會有幫助：

- 對方行為違背團隊或個人契約時，你得找他談談：

我最近發現，你有些行為不符契約規範，我很好奇發生了什麼事，也想知道要怎麼提供支援。現在方便談談嗎？

- 團隊成員過度自信而錯誤連連：

我想和你談談最近工作情況。我發現這些錯誤背後有個模式，想找你一起討論討論，看看我能怎麼支援你。你想現在談談，還是晚點再談？

如果團隊成員說晚點再談，務必在日程表標註明確日期，並切實執行。管理不良績效是你的責任，即使可用教練式方法進行，管理責任仍為首要之務。

- 有人拒絕進辦公室，連特定活動也不願參加：

我發現你拒絕了實體會議邀請，我想和你談談這件事。我希望你能出席，否則團隊新成員會錯失跟你學習的機會。所以想跟你商量看看，就你何時進辦公室達成共識。你什麼時間有空，我們來好好談談？

回饋盡量簡短、直接、明瞭

無論你多努力、費盡多少唇舌，也無從預知對方聽了棘手回饋，會作何反應。有時他可能會接受，有時可能變得防備，一切取決於對方當下狀況。你所能做的，就是盡可能說得清楚明白。正如布芮尼．布朗（2018）所說的：「清楚明瞭是善良，含糊其詞是殘忍。」

以下是典型含糊其詞的例子：

嗯，你也知道，你跟利害關係人做簡報時，嗯，我知道你不是故意或什麼的，只是，嗯，你主導專案真的非常出色。只是他們一問問題，你就變得有點防備，這會影響他們對你的信任。但這不只是你的問題，就像我剛才說的，你一直都做得很好。

這位主管出發點是好的，這點無庸置疑；想保持友善、不去傷害團隊成員的感受。然而，聽到這種回饋，團隊成員會一頭霧水、不以為然、築起防備、淚水潰堤或耿耿於懷。回饋要清楚明瞭、充滿善意，比如說：

最近兩次跟利害關係人開會，我發現你回答提問時，聽起來有些防備，他們會以為你不好合作。我很好奇，那幾次開會，發生了什麼事嗎？

此例中，主管清楚陳述事實，不帶評斷，也請團隊成員說出原委。請記住，好好傾聽，別插手處理，全神貫注在對方身上，善用教練三步曲來釐清事情真相。

建議實驗

- 下次察覺3F反應即將觸發時，放慢呼吸，吐氣比吸氣長。例如吸氣四秒，吐氣六秒。重複三遍，看有什麼感覺？
- 為下次回饋對話設計框架。

重點回顧

- 大腦察覺到威脅，譬如接收到回饋時，會觸發戰鬥、逃跑、僵住（3F）反應。一旦大腦情緒中心凌駕一切，團隊成員將無法理性回應。
- 團隊成員若對回饋反應強烈，詢問他希望對話如何繼續；對話由他主導。
- 吐氣比吸氣長，能平復3F反應。
- 給予回饋時，運用四要素來設計框架：

  一、背景資訊——說明對話梗概

  二、同理心——坦言聽到回饋會不好受

  三、支援——讓對方知道，你想提供協助

  四、同意——詢問團隊成員想不想聽，等對方回答「想」，再給予回饋。若團隊成員說「不想」，問對方為什麼，也讓他知道之後可以再來找你。

第十章
強烈情緒

工作時表達感受，無論什麼感受，都該是一件自然而然的事。不許帶進個人感受，只會讓人在意想不到的時刻情緒崩潰。允許團隊在工作時表達感受，才能創造有心理安全感的環境，讓他們更加投入、發揮創意、追求創新（David 2018）。也就是說，團隊發現問題會及早回報，願意為你全力以赴，因為你在乎他們。

強烈情緒會觸發3F反應，這種狀態下，團隊成員難以清晰思考（詳見第九章）。此時占上風的，就會是大腦邊緣系統，負責處理感受相關資訊、採取本能反應（Peters 2013）。

黛西是我好友兼同事，她接獲消息，手上專案出現問題。當時我教練培訓才結業不久，看她眼眶泛淚，為保有隱私，我帶她到樓梯間，試著用最熟悉的幾個教練問句提問。她死死盯著我看，說：「我現在不需要教練，我要的是朋友。」於是我給予安慰，用心聆聽。接著，她要我告訴她接下來該怎麼做，我就照辦了。

對方情緒正激動時，教練方法是行不通的，教練式原則倒是派得上用場，讓團隊成員主導對話，秉持「先問後說」、「好好傾聽，別插手處理」原則，平撫對方的大腦邊緣系統，恢復清晰思考。

詢問團隊成員內心想法

團隊成員在3F反應狀態下，讓他主導對話尤其重要，否則一旦缺乏掌控感，只會更加不知所措。不妨拋出開放式問句，例如：

> 你有什麼心事嗎？
> 發生了什麼事？
> 究竟發生了什麼事？

麥可・邦吉・史戴尼爾（2016）指出，這類問句之所以有效，原因在於：

- 問句為開放式，能鼓勵團隊成員分享內心最在意的問題
- 讓團隊成員選擇要分享什麼，由其主導對話
- 功能有如釋放閥，讓團隊成員的專注力、能量得以釋放。

有一年，我去紐西蘭參加好友婚禮。她來飯店接我，還沒過馬路，就發現她

淚水直流。婚禮只剩一週，排山倒海而來的事壓得她喘不過氣。到她家後，我要她一五一十告訴我怎麼了，她一停下來，我就問：「好，還有什麼呢？」

她邊說，我邊筆記，直到她傾吐完畢，把清單拿給她看。她看了看，臉上漾起微笑，說道：「哦，其實也沒那麼多事要做，不是嗎？」團隊成員看到自己想法全寫在紙上，就不必再耗費精力糾結千頭萬緒了。就像我朋友，情緒感受一旦釋放，便能放鬆下來，腦袋清空，恢復理性邏輯思考，豁然開朗。

肯定團隊成員的感受

這時候，可別分享個人甘苦談，也別試圖替團隊成員「粉飾太平」。要人多看看好的一面，通常會這麼說：「至少……」或「你算幸運了，我……」別忘了，好好傾聽，別插手處理。

此外，別告訴團隊成員一切會好轉，也別說「你沒問題的」這些話來輕描淡寫。團隊成員恐怕只會感到孤立無援，自責連工作壓力都承擔不了。接受團隊成員目前肯定不好受的事實，充分給予空間談談事情原委，聽完回應如下：

聽起來真的很不容易，謝謝你告訴我。

若不會覺得彆扭，可進一步探索團隊成員的感受，詢問對方：

從這些感受，你有發現什麼嗎？

情緒通常能傳遞一些訊息，反映一個人的過往經歷。請團隊成員花些時間去感受情緒，也就等於適當鼓勵對方喚起直覺、相信本能（Fosslien & West Duffy

2019）。

舉例來說，人之所以憤怒，可能代表某件事對他至關重要；若顯得不耐煩，也許是提早給自己壓了期限，只是沒人知道。有些人或許較欠缺情緒覺察，所以回答不了；若對方說不知道，告訴他沒關係，接著詢問需要什麼協助。

團隊成員哭了該怎麼辦？

沒人想在職場上哭泣，所以團隊成員哭時，讓他知道沒有關係，坐在旁邊陪伴，遞上一張衛生紙（剛好有的話），什麼話也別說。請忍住拯救人的衝動，別試圖說些雲淡風輕的話來安撫，例如「我相信一切都會沒事的」或「至少你還有〔某樣東西〕」。這只會讓團隊成員感到挫敗，形同告訴對方，這空間**不能**放心表達情緒（Mannix 2021）。

你無法替他解決問題，團隊成員也無此期待。最佳良方就是陪伴，讓他盡情抒發感受。這麼做，代表允許對方展現脆弱的一面，也能增進彼此之間的心理安全感。

我知道，坐在一旁看人哭，可能不太自在，但對方也不好受。團隊成員若為爆哭道歉，告訴他沒關係，沒必要道歉，這很正常。哭泣不代表悲傷，在工作場所流淚，可能代表很在乎工作，或想表達憤怒、挫折（Fosslien & West Duffy 2019）。有些人會大聲咆哮，有些人會淚如雨下。

讓團隊成員主動尋求幫助

試圖解決團隊成員的問題，或決定下一步怎麼走，只會傳達一個訊息：你不認為團隊成員有能力自行解決。會讓對方脫離不了3F反應狀態，也有損雙方心理安全感。與其衝動做出下意識反應，擅自提供無謂幫助，不如相信團隊成員清楚自身需求，由他來告訴你。

我現在能為你提供什麼協助呢？

團隊成員不用你拯救，只需要你好好聆聽；若想提供建議，先徵詢同意再分享，繼續由他主導對話。同時，確認對方還有哪些支援管道，以免重擔都落在你肩上。

你還能從哪裡獲得支援？
還有誰能提供你支援？

建議實驗

- 對話帶到戶外，邊走邊聊

若話題棘手，並肩散步時討論會較自在，不會被盯著看，較不會感受到評斷，交談壓力較小（Burn 2020）。克絲頓．薇兒（2021）為美國心理學會摘錄的研究報告指出，身處戶外有助減輕壓力、提振心情。若無法一起散步，可參考克萊爾．諾蔓給我的建議：跟團隊成員約好，散步時用電話聊聊。

重點回顧

- 以開放式問句起頭，譬如「你有什麼心事嗎？」以鼓勵團隊成員傾訴事情始末。

- 肯定團隊成員的感受，感謝他願意說出來。
- 哭，是再正常不過的情緒表達方式。團隊成員哭泣時，告訴他沒有關係；至於下一步該怎麼走，要相信他會告訴你。
- 詢問團隊成員希望獲得什麼支援、還能從哪獲得協助。

第十一章
職涯對話

職涯對話，顧名思義，就是針對職涯與團隊成員談話。會額外占用你時間沒錯，但激勵、留任效果極佳。職涯對話機會較少的員工，工作滿意度較低；有百分之三十一的員工會離職，是因缺乏進步空間、技能提升或再造機會（LHH 2022）。

也難怪，許多組織漸漸放棄績效評估，改用職涯對話來招募、留任員工。藉此方式，能展現對團隊成員的關心，而非只在意工作進度。

展開職涯對話，讓團隊成員暫時放下工作、思考職涯發展方向，恰是嘗試教練式方法的大好機會。你不須握有解答，他們會自行找到答案。

詢問團隊成員是否願意展開職涯對話

乍看有點奇怪，團隊成員職涯並非你的責任，而是他自己的責任。讓對方選擇是否進行職涯對話，有助增進其責任感。

騰出時段進行職涯對話

若只是額外納入定期進度討論，職涯對話通常不是直接忽略，就是草草結束。與團隊成員逐一約好時段討論職涯，與定期進度討論要錯開。建議每季度一次，至少一年兩次，約好不聊公事。

先談過去，再談未來，最後談現在

教練會談中，通常不太著墨過去，職涯對話則是例外。普遍來說，我們很少回顧職涯，回想一路走來多少曲折，才來到現在的位子。請團隊成員描述職涯，有助雙方釐清其動機及價值觀，從中汲取寶貴經驗，以利對方思考職涯下一步。欲進一步探索團隊成員的職涯，可嘗試以下問句：

職涯當中，你最自豪的是什麼？

如果能回到過去，你想改變什麼？

你從職涯歷練學到什麼？

當初如何決定換職位或跳槽？

從換職位或跳槽當中，有發現自己在工作上喜歡什麼、討厭什麼嗎？

以上問句會帶你進入教練二步曲，運用其方法，幫助團隊成員增進覺察。對他來說，可能是第一次放聲談論職涯，過程中也許對自己會有嶄新領悟。秉持「先問後說」原則，等團隊成員說完，再分享你的看法，如此一來，你會更知道如何有效管理團隊。

討論完過去，接著談未來，對話方法很類似詢問團隊成員理想成果（詳見第三、五章）。對話交由對方主導，請團隊成員選擇合適的時間範圍。

有人樂於討論未來五年，有人超過下個月的事便無法思考。若遇此情況，委婉鼓勵對方至少想像未來一年。除非團隊成員主動提出，別問對方職涯抱負是什麼，畢竟多數人聽了會觸發僵住反應。可運用以下問句（或提示）：

請描述你夢想中的職涯。

你希望未來職涯是什麼樣子？

你希望職涯裡能多碰些什麼？

你希望職涯裡能少碰些什麼？

請團隊成員寫下答案留著，未來面臨職涯抉擇時可回顧。我二〇一二年寫的筆記本早已泛黃，上面寫著我的夢想職涯，如今我正築夢踏實。

最後，詢問團隊成員目前職涯狀態，以助其規畫下一步：

目前職涯中，你最滿意什麼？

你希望專注在哪方面？

你想培養什麼技能？

你需要什麼樣的機會？

你需要加強哪方面人脈？

「好好傾聽，別插手處理」原則，在此十分重要；那是團隊成員的職涯，你可不想最終責任落在你身上。至於如何提供支援，第十三章將詳細說明。

聊聊對話感受

教練會談結束，請對方給予回饋，也許令你難為情，這也是為什麼有第十四章：如何與他人一起練習。不過，這場對話可以稍微輕鬆自在些。不妨這麼問：

這次對話，什麼對你最有幫助？

此問句有雙重效果：

一、取得回饋，以利下次調整。

二、強化團隊成員學習成效，促使其採取行動。

建議實驗

- 對身邊人的職涯表示好奇。提出本章所列問句，或問問他們小時候夢想是什麼。從他們的回答，你能洞悉各形各色的職涯道路，這對引導團隊成員也有助益。這種方式風險較低，畢竟比起團隊成員，身為親朋好友的他們，總不會期待你幫忙發展職涯。
- 下次團隊開會結束時，試問：「這次會議，什麼對你們最有幫助？」以了解哪些方法奏效。

重點回顧

- 你不必承擔團隊成員的職涯，他得為自己負責。
- 進不進行職涯對話，交由團隊成員選擇。
- 職涯對話的時段，要與定期進度討論錯開，至少每年兩次。
- 請團隊成員描述職涯歷練，以了解其動機和價值觀。
- 為了解團隊成員重視什麼，請其描述對未來職涯有何期待。請他寫下來，未來面臨職涯抉擇可回顧。
- 詢問團隊成員職涯現況，以助其規畫下一步。
- 要取得回饋，同時增強對方學習成效及行動力，可詢問：「這次對話，什麼對你最有幫助？」

第十二章
績效評估

沒人喜歡被評斷，但績效評估就是這樣：對團隊成員績效的評斷，會影響其未來薪資和前景。更何況，錢本來就是敏感話題，對任何人都一樣，大多數主管都不想得罪團隊成員，也難怪蓋洛普研究顯示，績效評估可能弊多於利（Sutton & Wigert 2019）。

在這章，我將介紹如何以教練式方法評估績效，一來促進團隊發展，二來找出有效管理團隊祕訣、提高留任率。

共建績效評估框架

先前在第七章說明了，如何運用「先問後說」原則，建立權力下放框架，也藉由「詢問、補充」模式，鼓勵團隊成員肩起責任。此模式也可用來建立績效評估框架，讓團隊成員知道，績效評估是你們**共同**完成，而非**單方面**被評估。方法如下：

提問：績效評估對話以什麼方式進行，對你最有幫助？

補充：你認為對話可以如何進行。

提問：你希望從討論中有什麼收穫？

補充：你希望從討論中有什麼收穫。

提問：你想從哪裡開始呢？

實際場景中的對話可能如下：

你：績效評估對話以什麼方式進行，對你最有幫助？

團隊成員：我希望一次檢視一個目標，過程中逐步加進回饋。

你：聽起來不錯。我希望你先自我評估，再來看回饋，我會再補充我的想法。這樣可以嗎？

團隊成員：可以。

你：你希望從討論中有什麼收穫？

團隊成員：我想知道明年有沒有機會升遷。

你：好，升遷的事我不敢掛保證，畢竟還牽涉到很多因素，不光是績效。但我可以告訴你，你哪些方面做得很到位，哪些方面還有進步空間。

團隊成員：好，這樣我明白了。

你：好。你想從哪裡開始呢？

類似於權力下放，績效評估對話過程中，你會有一些寶貴想法、意見、建議可分享。也會在教練、導師身分之間來回切換。若發現團隊成員某方面大有可為，可採取教練式方法；若握有對方所需資訊，則轉換到導師角色。

提供棘手回饋

第九章有提到，依照對話由團隊成員主導的原則，設計框架並徵詢同意，再分享棘手回饋。設計回饋框架的用意，是讓團隊成員做好心理準備、知道你是站在他這一邊。藉由徵詢同意，他可選擇是否聽取回饋，也就更能專注聆聽你要說的內容。以下框架範例，可視實際情況調整：

我有一些回饋，聽了可能會不好受。想和你分享，聽聽你的看法。準備好來聽了嗎？

務必等團隊成員說「好」，再往下說，否則徵詢同意所營造的心理安全感就毀於一旦了。表明想聽聽對方看法，意味你知道事情不只有一面，如此可增進心理安全感。

績效評估中的發展問句

與團隊成員定期進行的職涯對話（詳見第十一章），績效評估便包括在內。

運用以下發展問句，幫助團隊成員評估去年表現，讓所學更上一層樓：

今年你最自豪的是什麼？

今年你最常運用哪些優勢？

今年你碰到最大挑戰是什麼？你是如何克服的？

最令你失望的是什麼？

你有哪些績效表現希望大家知道？

請描述看看，跟去年此時相比，現在的你有哪些不同？

你對自己有什麼新的認識嗎？

你會發現，團隊成員多半自我要求過高，不妨藉此機會強調其優勢，也善用導師技巧告訴對方，他已大有進步。

團隊成員感到沮喪怎麼辦

第十章已介紹，如何用教練式方法，給予團隊成員空間表達感受。請記住：

- 深呼吸，停頓一下；對方的反應不是你的錯。
- 好好傾聽，別插手處理；對方不必你拯救。
- 接下來怎麼進行，由他主導，他也許需要休息一下，或繼續無妨。

建議實驗

- 績效評估前，先與團隊成員談談、約法三章（詳見第一章），以就雙方期望、如何處理棘手回饋達成共識。
- 評估對話前，先將發展問句傳給團隊，好讓他們有時間準備。

重點回顧

- 運用「詢問、補充」模式，共建績效評估對話框架，讓團隊成員感受到，績效評估是你們一同完成。
- 分享棘手回饋前，藉由設計框架、徵詢同意，讓團隊成員做好心理準備。
- 提出發展問句，幫助團隊成員回顧過去一年收穫，以精益求精。
- 團隊成員若對自己過於苛求，請多多肯定他這一年來的正面表現。
- 如果團隊成員感到沮喪，陪伴在旁，傾聽其感受，詢問接下來希望如何進行。

第十三章
化思考爲行動

團隊成員自行找到解決方案時，往往迫不及待結束對話，躍躍欲試。某些情況下，若待辦事項繁多、當前情況複雜，請團隊成員說明計畫會很有幫助。這麼一來，能幫助他具體知道該怎麼做、化思考為行動。

若要提供支援，完成上述步驟再提出。起初，教練工作坊學員會覺得，等團隊成員自行摸索完才提出協助，有些不近人情。但藉由等待，可避免提供不必要的幫助。

你的下一步是什麼？

當教練式主管有個好處，能增進團隊成員的使命及責任感，對接下來任務更有擔當；這就像，告訴朋友你要去跑步，你就不得不去跑一樣。關鍵就在，讓團隊成員具體說出行動日期、時間、地點，沒有模糊地帶：

你的下一步是什麼？
你準備在哪天、什麼時間點進行？
你準備在哪裡進行？

團隊成員描述愈具體，譬如「週四上午十點在家工作時」，愈可能付諸行動。時間愈模糊，例如「週末前」，團隊成員愈容易找理由拖延，最終未能如期完成。為提高其成功機率，可以這麼問：

可能會碰到什麼阻礙？

碰到阻礙可能如何解決？

這招一舉兩得。一來讓團隊成員預想可能阻礙，提前做好心理準備，二來你能及早察覺潛在問題，找出有效因應之道，幫助團隊成員獲致成功。

你需要我提供什麼協助？

讓團隊成員主動尋求協助，由他繼續主導對話。這麼做，可避免插手團隊成員可自行完成的任務，減輕你的工作量。

對方提出的需求，你不必照單全收。可提出替代方案，或轉介他人。甚至不必立刻答應給予任何支援；告訴對方，你需要時間評估，自己怎樣最能幫上忙，晚點再答覆。

身為教練式主管，務必記住，拯救團隊成員並非你的責任。大家都是能隨機應變的成年人了，讓他主動尋求幫助，你無須擅自作主、插手幫忙，以免徒增對方負擔。

告訴團隊成員，你欣賞他什麼特質

受到真誠肯定時，思考最為活躍（Kline 2011）。很有道理吧？如果老是遭受批評，不僅難以好好思考，也難有足夠安全感抒發己見。因此，對話結束前，讓團隊成員知道，你欣賞他什麼特質。

表達欣賞最有效的方法，就是簡短、具體、發自內心。舉例來說：「我很欣賞你的毅力。」知易行難。讚美團隊成員時，只須點出對方一樣特質，這很容易；難就難在，身在組織裡，我們不習慣彼此表達欣賞，即使自以為經常有這麼做，其實沒有。

讚美某人「幹得好！」很中聽沒錯，卻不夠具體。未明確指出工作表現「好」在哪，對方無從得知哪一點該保持下去。

你可能會發現，有些人信心、自尊低落，抗拒接受讚美。心理學家蓋・溫奇（2016）研究指出，學習接受讚美，有助提高自尊；團隊成員若對讚美不以為然，就再說一次，讓他有機會再聽一次。即使起初不相信，時間一久，抗拒讚美的衝動會逐漸減少，自尊也就有所提升。

建議實驗

- 花些時間列出每位團隊成員的名字，寫下你欣賞對方哪一種特質，下次一對一進度討論時告訴對方。
- 從本書第二部擇一技巧，寫下適用對象、時間，放手一試。

重點回顧

- 問團隊成員下一步要做什麼，並引導他具體說出時間、地點。
- 問團隊成員需要你提供什麼支援，讓他有選擇的權利。
- 告訴團隊成員，你欣賞他什麼特質，有助增強其信心及自尊。

第十四章

如何與他人一起練習

要培養信心成為教練式主管，有一種方法效果極佳，就是與他人一起練習，會談中還能探索自身職涯發展，可謂一箭雙鵰。本章建議的架構，適合二到三人小組練習，在此空間彼此學習、一同實驗，犯錯也沒關係。

約法三章

第一章提過，約法三章能創造心理安全感。人人都有脆弱的一面，練習教練技巧時，這一點尤為重要。初次小組練習時，請預留額外時間，逐一討論以下事項。之後，每次練習會談時，也務必回顧約法三章內容，以視情況修改或補充。

- 保密——請每個人談談，哪些內容應保密，離開練習會談後，哪些內容可對外分享，哪些不可外流。
- 具體安排——多久練習一次、何處進行、一次多久、時間如何分配。
- 取消及重新安排——碰到這種情況，要如何處理？
- 回饋——給予、接受回饋的用意是什麼，彼此達成共識。例如，回饋是要幫助彼此發展，而非互相貶低。後面的練習指南所列的建議問句，既能促進發展，又具正向意義。
- 若有特殊情況，事先告知練習夥伴，以便能保持參與——例如，你可能在等待重要來電，周圍可能有嘈雜工作聲，或有待辦事項可能讓你分心。

約法三章內容寫下來與夥伴分享，未來練習會談前可回顧，作為提醒。

角色練習

- 教練：負責提問。
- 思考者：負責思考問題。
- 觀察者：負責記錄、掌控時間、主導回饋。（兩人一組則無觀察者。）

這些角色，每個人都有機會扮演，因此練習教練會談時，務必帶上現實生活中的問題。這件事也許你苦惱已久，或現正面臨的挑戰，或令你頻頻卡關的疑難雜症。

教練

擔任教練角色，知道有人觀察你，還將收到回饋，可能讓人倍感壓力。別忘了，這就是練習的用意，況且夥伴也有同感。不會出錯的，只要願意嘗試，就代表對話會有所不同，也會較以往有助益。

思考者

你可以稍微放鬆一下，針對眼前困境或卡關的問題，讓教練協助你一步步釐清，過程會令你受益良多。請帶來目前面臨的真實問題，而非現已解決的問題、假設情境。教練要發揮功能，務必充分與思考者互動、信任你的直覺，若是虛構議題便行不通了。

觀察者

若能組成三人小組，再好不過；觀察教練會談，跟扮演教練、思考者一樣能獲益良多。想看實際怎麼運作，點閱以下教練會談示範影片：coachingtwostep.com/demo。

擔任觀察者一角，負責記錄練習過程中觀察到的重點，並掌控時間、主導回饋。欲了解有哪些筆記重點，可詳後附練習指南。掌控回饋時，依序請教練、思考者分享想法，最後補充你的觀察。教練通常自我要求過高，請確保其盡量客觀。反思問句也派得上用場，詳參後面的練習指南。

表達欣賞

每次會談間，發現夥伴有某樣特質令你欣賞，在練習要結束前，請記得讚美對方。如何表達欣賞、影響力為何，詳見第十三章。

我很欣賞你的〔特質〕。

掌控時間

兩人或三人一組，時間要如何分配，可參考以下建議，依據實際時長增減。

以雙人組練習六十分鐘為例：

分鐘	活動
9	問候；回顧約法三章內容；決定誰先當教練。
15	第一位教練展開練習。
8	第一位思考者主導回饋，詢問教練： 有什麼地方做得很好？ 有什麼地方可以更好？ 接著，思考者補充想法：

教練、思考者之間，誰發言較多？
教練有什麼問句特別啟發人心？
還有什麼值得教練反思？

15 第二位教練展開練習。

8 第二位思考者主導回饋，架構同上。

5 彼此表達欣賞；道別。

以三人組練習八十分鐘為例：

分鐘	活動
9	問候；回顧約法三章內容；決定第一輪角色分配。
15	第一位教練展開練習。
7	第一位觀察者主導回饋，依序詢問思考者、教練： 有什麼地方做得很好？ 有什麼地方可以更好？ 接著，觀察者補充想法： 教練、思考者之間，誰發言較多？ 教練有什麼問句特別啟發人心？ 還有什麼值得教練反思？

15 第二位教練展開練習。

7 第二位觀察者主導回饋，架構同上。

15 第三位教練展開練習。

7 第三位觀察者主導回饋，架構同上。

5 彼此表達欣賞；道別。

結語

我想花點時間，感謝你願付出努力、學習新事物，促進團隊發展。現在就將所學化為行動，選個你最有共鳴的技巧，放手一試。也許是教練二步曲，或選擇一種原則，本週對話時嘗試看看。三大原則別忘了：

- 好好傾聽，別插手處理。
- 先問後說。
- 讓團隊成員主導對話。

你也許想聚焦於提高專注力，或像「序言」中的薩米，一旦發現機會，便來試試教練式方法。不論你選擇什麼，都別忘了：不會出錯的。

若想學習更多，歡迎訂閱我每週更新的部落格，上面有許多日常實用的教練點子：thinkwithjude.com/signmeup，也歡迎追蹤：linkedin.com/in/judesclater。讀完這本書，親身嘗試過教練技巧，若想接受培訓成為教練，聲譽卓著的培訓機構列表可參考我網站：thinkwithjude.com。

教練式主管影響力長遠

教練技巧的影響力，比你想像來得長遠。寫這本書的期間，一位四年多前的同事傳來訊息：

> 有件事一定要告訴妳，有時當我自我懷疑，妳的聲音、問過我的話

就會浮現腦海。我會頓時豁然開朗，提醒自己正向思考。

選擇教練式方法，忍住本能，別直接告訴對方該怎麼做，方能帶來長遠的行為改變。

將「教練二步曲」帶進你的組織吧

從技術專家躍升為一群技術專家的管理者，對新手主管可說是艱鉅挑戰。想充分賦權團隊，又怕權力下放會失去掌控。

教練二步曲能幫助你克服難關，示範如何運用日常對話，讓團隊發揮最佳績效。

無論是專題演講、線上研討會或工作坊，「與茱德一起思考」（Think with

Jude）都能為你量身打造計畫，協助主管增強信心、放手嘗試教練技巧。

欲知更多詳情，可寄電子郵件至 jude@thinkwithjude.com，讓我們找個時間聊聊吧！

問句庫

以下問句集結自前面章節，另外也融入教練式用語，透過範例讓你可快速參照。

第一章：如何成為教練式主管

詢問對方需要什麼：

你希望我傾聽、提供建議、教練引導，還是其他方式？

從教練切換為導師：

我這裡有些點子，可能會有幫助，可以跟你分享嗎？

我跟他們有過一些合作經驗，如果和你分享，你覺得會有幫助嗎？

這種情況我也碰過。想聽聽我當時怎麼做嗎？

（等對方回答「想」，再說下去）

從導師切換為教練：

你有什麼想法？

你有什麼看法？

這對你的問題有什麼幫助嗎？

約法三章：

詢問：你希望進度討論多久一次？每次多久？
補充：你的想法。
詢問：你希望進度討論怎麼進行？
補充：你的想法。
詢問：你偏好的工作方式，有什麼是我可以知道的？
補充：你偏好的工作方式，有什麼是團隊成員可以知道的？
詢問：你對我有什麼期望？
補充：你對團隊成員有什麼期望？
詢問：如果覺得彼此合作不太順利，你覺得可以用什麼方式處理？
補充：你的想法。

第二章：教練二步曲

「請告訴我更多」其他表達方式：

還有什麼呢？

繼續說。

還有什麼要補充的嗎？

你對此有什麼感受？

你對此有什麼看法？

對你來說，什麼最為重要？

剛剛所說的，你會怎麼摘要重點？

提供支援：

你希望我提供什麼樣的支援？

第三章：教練式問句

成果導向：

你的理想成果是什麼？
你希望有什麼進展？
對你來說，最佳成果是什麼？
若成果達成，你會看到什麼？
若成果達成，你會感受到什麼？
若成果達成，你會聽到什麼？

「什麼」問句範例：

這件事可能從其他角度看嗎？

這問題可能找誰一起幫忙呢？

所需資源還可能從哪取得呢？

第四章：五分鐘內完成教練會談

成果導向：

我們要解決的問題是什麼呢？

你希望從這次對話得到什麼？

對話結束後，你希望達成什麼目標？

打斷：

不好意思打斷一下，我發現還剩兩分鐘。你覺得剩下時間，談些什麼對你最有幫助？

第五章：解決問題

成果導向：

若一切順利，會發生什麼事？

若有魔法，你希望明天有什麼不同？

若今天一切順利，會是什麼樣子？

你想達成什麼目標？

你真正想要的是什麼？

揪出預設立場：

有沒有可能是什麼預設立場，阻礙你達成〔理想成果〕？

哪種預設立場是你最大阻礙？請告訴我更多。

我真的很想〔填空〕，但〔填空〕。

解除卡關：

朋友若遇到類似問題，你會給什麼建議？

如果我不在場，你會做些什麼？

如果沒有任何限制，你可能會做些什麼？

如果知道不會失敗，你可能會做些什麼？

第六章：設定目標

讓目標有意義：

你的夢想是什麼？
達成目標能讓你增加什麼能力？
此目標對你有什麼重要意義？
達成目標對你﹝你的家人、朋友、團隊、組織﹞有什麼意義？
如果能達成目標，會有什麼不同？
達成目標後，你會多擁有什麼呢？
達成目標，會有什麼感受？
想像目標已實現，你會看到、聽到什麼？
如果用正面方式來表達目標，會是什麼樣子？
如果最多用十個字來表達，你的目標會是什麼？

讓目標可衡量：

我們要如何知道你已達成目標？
量表分數由低到高，一到十，你現在離〔目標〕有多近？
你希望明年此時達成幾分？

讓目標朗朗上口：

有什麼字詞能扼要表達目標重點？
有什麼方式能讓目標更朗朗上口？
這個目標會讓你想起什麼？
如果你的目標是〔對方興趣〕，那會是什麼？

提供支援：

你希望我怎麼支援你？
你還可以從哪獲得支援？
你希望如何討論目標進度？

第七章：權力下放

共建權力下放框架：

詢問：你希望我怎麼說明工作內容？
補充：你的想法。
詢問：你覺得還需要什麼嗎？
補充：你的想法（若有）。

確認理解：

還有什麼問題嗎？

對於處理這件事，你有什麼想法？

你有什麼顧慮嗎？

你認為目前有什麼挑戰？

你還需要我提供什麼資訊？

你手邊還有什麼任務？對於這項專案／任務會有什麼影響？

你打算發揮哪些優勢來處理這件事？

你希望從中學到什麼？

這項任務需要的技能知識，有什麼是你覺得目前欠缺的？

第八章：進度討論

自我評價：

上次討論這個問題時，量表分數一到十，你自評四分。你現在給自己評幾分？﹝接著問：﹞你做了什麼努力，才能有此進展？﹝接著問：﹞需要做些什麼，才能再﹝提高一分﹞？

有什麼是你最滿意的呢？

有什麼進行特別順利？為什麼？

你對自己有什麼全新認識？

你克服了什麼挑戰？怎麼辦到的？

你發現自己有什麼優勢？這些優勢還可用在哪些地方？

如果能重來一次，你會有什麼不同做法？

你打算如何慶功？

找出挑戰及阻礙：

什麼部分最困難？

你目前面臨什麼挑戰？

你有碰到什麼瓶頸？

取得回饋：

你希望我哪方面多參與、哪方面少參與？

有沒有什麼地方，你覺得其實我不必參與？

徵詢同意，從教練切換為導師：

我可以提個建議嗎？

我發現到一件事，可以分享嗎？

我知道某件事可能會有幫助，可以分享嗎？
如果分享我過去怎麼處理，你覺得會有幫助嗎？
有件事我覺得恐怕行不通，可以告訴你嗎？
有個地方我覺得你可以做得更好，可以分享嗎？
（等對方回答「可以」，再說下去）

從教練切換為導師：

這對你可能有什麼幫助？
聽完這些，你感覺有什麼變化嗎？
你現在有什麼想法嗎？

進度討論結束前：

還有什麼想談的嗎？

第九章：回饋

設計回饋框架、徵詢同意：

我想告訴你的事，會影響到你未來升遷機會；換作是我就會想知道，好知道該怎麼做。說之前，想讓你知道，我會盡所能支援你。你想聽聽嗎？

第十章：強烈情緒

開啟對話：

你有什麼心事嗎？

發生了什麼事？

究竟發生了什麼事？

肯定並探索對方感受：

聽起來真的很不容易，謝謝你告訴我。

從這些感受，你有發現什麼嗎？

提供支援：

我現在能為你提供什麼協助呢？

你還能從哪裡獲得支援？

還有誰能提供你支援？

第十一章：職涯對話

從過去職涯學習：

職涯當中，你最自豪的是什麼？

如果能回到過去，你想改變什麼？

當初如何決定換職位或跳槽？

從換職位或跳槽當中，有發現自己在工作上喜歡什麼、討厭什麼嗎？

你從職涯歷練學到什麼？

釐清未來職涯：

請描述你夢想中的職涯。

你希望未來職涯是什麼樣子？

你希望職涯裡能多碰些什麼？

你希望職涯裡能少碰些什麼？

職涯規畫：

目前職涯中，你最滿意什麼？

你希望專注在哪方面？

你想培養什麼技能？

你需要什麼樣的機會？

你需要加強哪方面人脈？

取得回饋：

這次對話，什麼對你最有幫助？

第十二章：績效評估

共建績效評估框架：

提問： 績效評估對話以什麼方式進行，對你最有幫助？

補充： 你認為對話可以如何進行。

提問： 你希望從討論中有什麼收穫？

補充： 你希望從討論後可以有什麼收穫。

提問： 你想從哪裡開始呢？

設計回饋、徵詢同意：

我有一些回饋，聽了可能會不好受。想和你分享，聽聽你的看法。準備好來聽了嗎？

發展問句：

今年你最自豪的是什麼？

今年你最常運用哪些優勢？

今年你碰到最大挑戰是什麼？你是如何克服的？

最令你失望的是什麼？

你有哪些績效表現希望大家知道？

請描述看看，跟去年此時相比，現在的你有哪些不同？

你對自己有什麼新的認識嗎？

第十三章：化思考為行動

決定下一步：

你的下一步是什麼？

你準備在哪天、什麼時間點進行？

你準備在哪裡進行？

可能會碰到什麼阻礙？

碰到阻礙可能如何解決？

提供支援：

你需要我提供什麼協助？

表達欣賞：

我很欣賞你的〔特質〕。

參考資料

序言

Whitmore, J (2017) *Coaching for Performance: The principles and practice of coaching and leadership.* 5th ed. Nicholas Brealey, p 39.

第一章　如何成為教練式主管

Adams, M (2022) *Change Your Questions, Change Your Life: 10 powerful tools for life and work.* 4th ed. Berett-Koehler Publishers, p 64.

Downey, M (2015) *Effective Modern Coaching: The principles and art of successful business coaching.* LID Publishing. p 114.

Edmondson, A (2014) 'Building a psychologically safe workplace'. TEDxHGSE 5 May 2014. URL: youtube.com/watch?v=LhoLuui9gX8

Milner, J & Milner, T (2018) 'Most managers don't know how to coach people. But they can learn'. *Harvard Business Review* 16 August 2018. URL: https://hbr.org/2018/08/most-managers-don't-know-how-to-coach-people-but-they-can-learn

Pedrick, C (2021) *Simplifying Coaching: How to have more transformational conversations by doing less.* Open University Press, McGraw Hill, p 124.

第二章　教練二步曲

Black, O & Bailey, S (2009) *The Mind Gym: Relationships.* Sphere, p 78.

Jha, A (2021) *Peak Mind: Find your focus, own your attention, invest 12 minutes a day*. Hachette UK, p 34.

Mannix, K (2021) *Listen: How to find the words for tender conversations.* HarperCollins UK, pp 29, 117.

Norman, C (2022) *The Transformational Coach: Free your thinking and break through to coaching mastery.* The Right Book Company, pp 241–242.

Varol, O (n.d.) '3 counterintuitive ways to excel in conversation'. URL: ozanvarol.com/3-counterintuitive-ways-to-excel-in-conversation

第四章　五分鐘內完成教練會談

Kline, N (2011) *Time to Think: Listening to ignite the human mind.* Octopus, p 55.

第六章　設定目標

Locke, E & Latham, G (2002) 'Building a practically useful theory of goal setting and task motivation. A 35-year odyssey'. ***American Psychologist*** 57. URL: researchgate.net/publication/11152729_Building_a_practically_useful_theory_of_goal_setting_and_task_motivation._A_35-year_odyssey._American_Psychologist_57

第七章　權力下放

Varol, O (n.d.) 'Yes, there are stupid questions'. URL: ozanvarol.com/yes-there-are-stupid-questions

第九章　回饋

Bergland, C (2019) 'Longer exhalations are an easy way to hack your vagus nerve: Respiratory vagus nerve stimulation (rVNS) counteracts fight-or-flight stress'. ***Psychology Today*** 9 March 2019. URL: psychologytoday.com/us/blog/the-athletes-way/201905/longer-exhalations-are-easy-way-hack-your-vagus-nerve

Brown, B (2018) 'Clear is kind. Unclear is unkind'. URL: brenebrown.com/articles/2018/10/15/clear-is-kind-unclear-is-unkind

Peters, S (2013) ***The Chimp Paradox: The mind management program to help you achieve success, confidence, and happiness.*** TarcherPerigee, pp 27–30.

第十章　強烈情緒

Bungay Stanier, M (2016) ***The Coaching Habit: Say less, ask more & change the way you lead forever.*** Box of Crayons Press, pp 36–48.

Burn, A (2020) 'The benefits of taking coaching conversations outdoors – what the research says'. URL: alexburnconsulting.com/the-benefits-of-taking-coaching-conversations-outdoors-what-the-research-says

David, S (2018) 'The gift and power of emotional courage'. TED 20 February 2018. URL: youtube.com/watch?v=NDQ1Mi5I4rg

Fosslien, L & West Duffy, M (2019) ***No Hard Feelings: The secret power of embracing emotions at work.*** Portfolio, pp 80–92.

Weir, K (2021) 'Nurtured by nature'. ***American Psychological Association*** 1 April. URL: apa.org/monitor/2020/04/nurtured-nature

第十一章　職涯對話

LHH (2022) 'Global Workforce of the Future 2022: Unravelling the talent conundrum'. URL: info.lhh.com/GBL/LD-global-workforce-of-the-future-2022

第十二章　績效評估

Sutton, R & Wigert, B (2019) 'More harm than good: The truth about performance reviews'. Gallup. URL: gallup.com/workplace/249332/harm-good-truth-performance-reviews.aspx

第十三章　化思考為行動

Winch, G (2016) '5 ways to build lasting self-esteem'. Ideas.Ted.com, 23 August. URL: ideas.ted.com/5-ways-to-build-lasting-self-esteem

中英名詞翻譯對照表

人物

丹尼　Dani
布芮尼・布朗　Brené Brown
艾米希・傑哈　Amishi Jha
艾美・艾德蒙森　Amy Edmondson
艾格妮絲　Agnes
克里斯多福・伯格蘭　Christopher Bergland
克絲頓・薇兒　Kirsten Weir
克萊兒・佩得瑞　Claire Pedrick
克萊爾・諾蔓　Clare Norman
希奧帆　Siobhan
彼得　Peter
南希・克萊恩　Nancy Kline
洛・史都華　Rod Stewart
洛克　Locke
約翰・惠特默爵士　Sir John Whitmore
烏娜　Una
馬爾利　Marley
梅若李・亞當斯　Marilee Adams
麥可・邦吉・史戴尼爾　Michael Bungay Stanier

傑辛達・阿爾登 Jacinda Ardern

傑登 Jayden

喬 Joe

萊瑟姆 Latham

奧塔維斯・布雷克 Octavius Black

楚迪 Trudi

瑞秋・杭特 Rachel Hunter

蓋・溫奇 Guy Winch

歐贊・瓦羅 Ozan Varol

賽巴斯汀・貝利 Sebastian Bailey

邁爾斯・道尼 Myles Downey

黛西 Daisy

薩米 Sami

專有名詞

一對一會談 1-2-1

人資暨企業使命主管 head of people and purpose

反思問句 reflective question

引導者 in-house facilitator

心理安全感 psychological safety

回饋 feedback

成果導向 outcome-focused

自立 self-reliant

自我評估　self-appraisal

自我評價　self-evaluation

利害關係人　stakeholder

告知模式　tell mode

尾款　final payment

技能再造　reskilling

具體安排　logistics

帕金森定律　Parkinson's Law

放聲思考　think out loud

負面偏誤　negativity bias

站立會議／站著開會　stand-up meetings

迷走神經　vagus nerve

假問句　qu-gestions

情緒覺察　emotional awareness

教練／教練技巧／教練會談／教練引導　coaching

教練二步曲　Coaching Two-Step

教練式　coach-like

教練式管理風格　coach-like management style

教練技巧　coaching skills

量表問句　scale question

開放式問句　open question

微觀管理　micromanagement

邊緣系統　limbic system

釋放閥　release valve

其他

《心智健身房：人際關係》　*Mind Gym: Relationships*

《改變提問，改變人生》　*Change Your Questions, Change Your Life*

《哈佛商業評論》　*Harvard Business Review*

美國心理學會　American Psychological Association

倫敦大學伯貝克學院　Birkbeck University

精品顧問公司　boutique consulting firm

「與茱德一起思考」　Think with Jude

蓋洛普　Gallup

THINK LIKE A COACH: Empower your team through everyday conversations
by JUDE SCLATER

零壓迫感提問式領導

創造職場安全感的提問技巧，引領下屬自行思考和解決問題

作者　茱德・史克萊特（Jude Sclater）
譯者　薛芷穎
主編　劉偉嘉
校對　魏秋綢
排版　謝宜欣
封面　萬勝安
出版　真文化／遠足文化事業股份有限公司
發行　遠足文化事業股份有限公司（讀書共和國出版集團）
地址　231 新北市新店區民權路 108 之 2 號 9 樓
電話　02-22181417
傳真　02-22181009
Email　service@bookrep.com.tw
郵撥帳號　19504465 遠足文化事業股份有限公司
客服專線　0800221029
法律顧問　華洋法律事務所　蘇文生律師
印刷　成陽印刷股份有限公司
初版　2025年4月
定價　380元
ISBN　978-626-99530-1-1

歡迎團體訂購，另有優惠，請洽業務部 (02)2218-1417 分機 1124

國家圖書館出版品預行編目 (CIP) 資料

零壓迫感提問式領導：創造職場安全感的提問技巧，引領下屬自行思考和解決問題／茱德・史克萊特（Jude Sclater）作；薛芷穎譯．
-- 初版．-- 新北市：真文化，遠足文化事業股份有限公司，2025.04
面；公分 --（認真職場；35）
譯自：Think like a coach : empower your team through everyday conversations.
ISBN 978-626-99530-1-1（平裝）
1. CST: 領導者 2.CST: 企業領導 3.CST: 組織管理
494.2　　114002088